中国工程院咨询研究报告
本报告由中国工程院、国家自然科学基金委员会联合资助

中国工程科技中长期发展战略研究

中国工程科技中长期发展战略研究项目组　编

中国科学技术出版社
·北　京·

图书在版编目（CIP）数据

中国工程科技中长期发展战略研究/中国工程科技中长期发展战略研究项目组编.
—北京：中国科学技术出版社，2015.2
ISBN 978－7－5046－6873－8

Ⅰ.①中… Ⅱ.①中… Ⅲ.①科学技术－发展战略－研究－中国－2011～2030
Ⅳ.①G322

中国版本图书馆CIP数据核字(2015)第024901号

责任编辑 沈国峰
责任校对 刘洪岩
责任印制 马宇晨
封面设计 中文天地

出　　版 中国科学技术出版社
发　　行 科学普及出版社
地　　址 北京市海淀区中关村南大街16号
邮　　编 100081
发行电话 010－62173865
传　　真 010－62179148
投稿电话 010－62176522
网　　址 http://www.cspbooks.com.cn

开　　本 787毫米×1092毫米　1/16
字　　数 180千字
印　　张 12
版　　次 2015年2月第1版
印　　次 2015年2月第1次
印　　刷 北京盛通印刷股份有限公司

书　　号 ISBN 978－7－5046－6873－8/G·678
定　　价 58.00元

中国工程科技中长期发展战略研究
主要专家名单

一、联合基金管委会

主　任　徐匡迪

副主任　周　济　陈宜瑜　潘云鹤　孙家广　邬贺铨

成　员　刘德培　杜祥琬　旭日干　王　杰　沈文庆　沈　岩　姚建年　何鸣鸿　王礼恒　白玉良　石立英　孟宪平　韩　宇

二、项目组

组　长　潘云鹤

成　员　王礼恒　张彦仲　李国杰　干　勇　何继善　杨秀敏　魏复盛　戴景瑞　杨胜利

三、综合组

组　长　王礼恒

副组长　王基铭　刘人怀

成　员　朱高峰　李京文　陆佑楣　殷瑞钰　傅志寰　孙永福　袁晴棠　朱晓东　何继善　沈荣骏　郑南宁　金鉴明　张彦仲　李国杰　干　勇　杨秀敏　魏复盛　戴景瑞　杨胜利　白玉良　石立英　王崑声　李　平

四、机械与运载工程科技领域课题组

组　长　张彦仲

副组长　高金吉　王兴治　杜善义

成　员　于本水　马伟明　王永志　王玉明　王礼恒　冯培德　龙乐豪　关　杰　关　桥　刘大响　刘友梅　吴有生　张立同　张炳炎

张钟华　李培根　杨裕生　汪顺亭　汪懋华　沈荣骏　陈一坚
陈立泉　陈懋章　范本尧　柳百成　钟　掘　钟志华　殷瑞钰
袁晴棠　郭孔辉　顾诵芬　高从堦　戚发轫　黄先祥　黄瑞松
彭苏萍　谢克昌　翟光明　尤　政　方宪法　王云鹏　王务林
王国彪　王建军　王俊兵　叶　猛　石　勇　匡晓峰　尧命发
池　慧　许庆彦　余卓平　吴兴世　宋天虎　张　宁　张　军
张学军　张宝胜　张　燕　李仁涵　李开国　李光耀　李克强
李德群　杜洪敏　杨兆升　杨新军　沈厚发　肖　军　陈少军
陈映秋　陈淮秋　周华民　季林红　屈贤明　姜　英　贺卫亮
赵　峰　赵　罡　益小苏　郭恩明　高振海　程培钧　鲁光泉
熊守美　管　欣　蔡国飙

执　笔　李仁涵　王云鹏　叶　猛　张　军　张学军　张　燕　杨新军
陈少军　陈淮秋　周华民　贺卫亮　赵　峰　高振海　鲁光泉
蔡国飙

办公室　王晓俊　金　言　杨　波　张　燕

五、信息与电子工程科技领域课题组

组　长　李国杰

副组长　许祖彦　刘韵洁　何新贵

成　员　潘云鹤　邬贺铨　戴　浩　金国藩　李德毅　李乐民　李幼平
汪懋华　王天然　叶声华　张广军　张钟华　郑南宁　陆祖良
钱华林　洪学海　陈建亚　胡筑华　蒋林涛　焦秉力　李书芳
吴建平　赵季中　郗继贵　曹淑敏　唐雄燕　余晓辉　李正坤
黄　韬　王振凯　戴定一　黄　涛　刘建明　张　琪　沈　杰

六、化工、冶金与材料工程科技领域课题组

(一)新材料组

组　长　干　勇

副组长　屠海令　吴以成　陈立泉

成　员　李龙土　张兴栋　姜德生　都有为　徐南平　卢世刚　金万勤

蒋利军　张溪文　韩高荣　邱　勇　常　青　毛昌辉　庄卫东
张国春　肖清华　王继扬　黄小卫　胡伯平　何　洪　于敦波
崔梅生　刘荣辉　胡运生　李扩社　奚廷斐　樊瑜波　李克健
熊柏青　张佐光　张　继　米绪军　徐樑华　林晨光　唐　荻
乔金樑　薛增泉　刘慧舟　李兴刚　李腾飞　左家和

(二)流程工业组

顾　问　徐匡迪

组　长　殷瑞钰

副组长　王淀佐　曹湘洪　徐德龙

成　员　干　勇　谢克昌　李东英　徐承恩　张寿荣　唐明述　陆钟武
汪燮卿　金　涌　顾真安　王静康　袁晴棠　邱定蕃　孙传尧
欧阳平凯　张春霞　蒋福康　李文英　刘佩成　李　辉　隋同波
温建康　何发钰　应汉杰　邓　敏　何祚云　孟宪玲　何　捷
魏明安　颜碧兰　王海风　干　磊　杨　波　左家和　张旭孝

七、能源与矿业工程科技领域课题组

组　长　何继善

副组长　胡思得　黄其励　苏义脑

成　员　陈念念　陈毓川　古德生　何多慧　康玉柱　彭苏萍　邱爱慈
闻雪友　徐　銤　杨奇逊　叶奇蓁　袁　亮　袁士义　岳光溪
周守为　潘自强

八、土木、水利与建筑工程科技领域课题组

组　长　杨秀敏

副组长　崔俊芝　韩其为　马国馨

成　员　雷志栋　陈肇元　马洪琪　江　亿　江欢成　王　浩　王梦恕
王景全　何镜堂　张超然　张祖勋　邹德慈　项海帆　梁应辰
张锦秋　施　仲　马克俭　孟兆祯　张建云　谢世楞　谢礼立
蒋云钟　高战军　林　晨

(一)我国大城市连绵区的规划与建设问题研究组

顾　问　吴良镛　唐孝炎　周一星

组　长　邹德慈　周干峙

成　员　王　凯　徐　泽　史育龙　李　迅　靳东晓　孔令斌　宋豫秦　周建明　蔡立力　于　立　王　德　陈　明　李　浩　马可尼　陈熳莎　高战军　彭实铖　欧阳慧　高世明　张永波　许顺才　陈　烨　王战权　张力小　胡文娜　郭　磊　黄　枚　陈　勇　谢丽波　谭　静　高　捷　曹　璐　曹传新　刘　律　于　泓

(二)城乡建筑低碳节能组

组　长　江　亿　陈肇元

成　员　朱颖心　方东平　苏　腾　常　杪　王　伟　黄　霞　陈　青　梁　鹏　高兴保　杨　赟　郑思齐

(三)西部强震区高坝大库抗震安全组

组　长　陈厚群　张超然

成　员　陆佑楣　韩其为　胡春宏　周建平　王仁坤　冯树荣　吴胜兴　党发宁　袁　杰　孙志禹　高孟潭　李德玉　胡　晓　陈先明　胡兴娥　欧阳金惠

(四)中国交通运输网络工程科技中长期发展战略研究组

组　长　何华武

成　员　周海涛　徐　光　张海东　张玉清　熊　杰

九、环境与轻纺工程科技领域课题组

(一)综合组

组　长　魏复盛

副组长　郝吉明　张　懿　陈克复

成　员　孙晋良　金翔龙　潘德炉　丁一汇　许健民　孟　伟　段　宁　曹宏斌　赵　赫　田晓俊　吴白林　赵建如　宋亚芳　张　健　邓二虎

(二)环境组

组　长　张　懿

成　员　蔡道基　郝吉明　侯立安　刘鸿亮　孟　伟　段　宁　钱　易

曲久辉　孙铁珩　汤鸿霄　唐孝炎　张全兴　曹宏斌　骆永明
席北斗　赵　赫

（三）轻工组

组　长　陈克复

成　员　石　碧　孙宝国　赵谋明　石维忱　张晓镭　李　军　徐宝财
田晓俊　周雅文　韩　富

（四）纺织组

组　长　孙晋良

成　员　季国标　梅自强　周　翔　郁铭芳　姚　穆　蒋士成　杜钰洲
李金宝　俞建勇　邱　高　朱美芳　丁　辛　王依民　余木火
阎克路　顾伯洪　毛立民　刘晓刚　李　俊　丁永生　顾庆良
白　伦　肖长发　陈建勇　高卫东　徐卫林　潘复奎　赵国樑
吴白林　林　萍

（五）海洋组

组　长　金翔龙

成　员　侯保荣　潘德炉　段继周　方银霞　李言涛　王　静　赵建如
赵　霞　马秀敏

（六）气象组

组　长　丁一汇

成　员　许健民　陈德辉　罗　勇　刘洪滨　赵宗慈　张志清　杨忠东
徐　影　姜大膀　俞永强　李巧萍　孙　颖　柳艳菊　唐国利
郭艳君　宋亚芳　张锦心

十、农业工程科技领域课题组

顾　问　沈国舫　山　仑　石玉林　向仲怀　孙九林

组　长　戴景瑞

副组长　管华诗　方智远

成　员　汪懋华　唐启升　尹伟伦　陈焕春　李　宁　刘世禄　李召虎
韩振海　翟明普　褚庆全　李　莉　宋云峰

执笔人 李召虎　褚庆全　李民赞　李天红　翟明普　刘世禄　宋云峰　汤　波

十一、医药卫生工程科技领域课题组

组　长 杨胜利

副组长 刘　耀　郝希山　樊代明

成　员 李兰娟　郑树森　巴德年　王威琪　程书钧　沈倍奋　侯惠民　高润霖　邱贵兴　张　运　陈志南　杨宝峰　程　京　周宏灏　詹启敏　王正国　付小兵　刘志红　项坤三　谢立信　王红阳　陈香美　徐学敏　金　力　王军志　邢婉丽　裴雪涛　赵春华　蒋建新　王春仁　尚　红　王小宁　韩忠朝　曹谊林　陆树良　金　岩　纪立农　贾伟平　李亦学　宁　光　翁建平　吴家睿　许樟荣　杨文英　金水高　郭弘妍　郭晓临　郑　杰　阮　菲　李金明　余银良　胡　威　赵春伟　夏　琪　任菁菁　宗文红　周　敏　金　瓯　刘　怡

十二、跨领域专题研究组

(一)信息化推动经济社会发展有关工程科技问题研究

组　长 吴　澄

成　员 谭建荣　张祖勋　王家耀　孙九林　王威琪　栾恩杰　王璐虹　祁国宁　余　琦　顾行发　杨思全　焦秉立　李　京　邵　芸　刘建波　朱　毅

(二)生物碳汇扩增战略研究

组　长 沈国舫

副组长 张守攻

成　员 方精云(顾问)　李怒云　林而达　唐启升　南志标　雷光春　王立新　王　波　杨金融

(三)我国载人探月工程发展战略研究

专家组

组　长 龙乐豪　王礼恒

成　员　王永志　刘　强　刘竹生　孙为钢　孙家栋　张履谦　李　明
杜善义　沈荣骏　周建平　孟　光　欧阳自远　姜景山　赵文津
赵宇棋　戚发轫　谢京稳　鲁　宇

论证组

组　长　李　明

成　员　王　赤　邓湘金　甘晓松　申　麟　关　嵩　刘　伟　刘站国
孙国江　朱枞鹏　吴珍汉　张崇峰　李　平　李　意　李春来
邱家稳　周　涛　彭小波　蔡国飙　樊　蓉

(四)我国公共安全相关工程科技发展战略研究

组　长　刘人怀

成　员　王礼恒　方智远　方滨兴　孙永福　陈君石　陈厚群　陈肇元
金鉴明　庞国芳　钟群鹏　蔡吉人　万方浩　马宏伟　马志勇
王　瑞　王　璠　尹　华　冯忠武　刘泽寰　杜冠华　李云河
步志高　吴永宁　吴希阳　何明昕　张春彝　张建中　姚作为
袁　鸿　徐加初　黄　睿　黄世清　彭于发　戴小枫　丁　宁

十三、联合基金管委会办公室

主　任　孟宪平　王振海

成　员　陈　钟　朱蔚彤　安耀辉　宗玉生　黄　琳

十四、工作组

组　长　白玉良　谢冰玉　高中琪　王崑声

副组长　王振海　李　平

成　员　安耀辉　周晓纪　王宏伟　黄　琳　刘　玮　韩　雪　丁　宁
王晓俊　范桂梅　左家和　王爱红　张　健　罗莎莎　李冬梅
于泽华　杨　波　胡良元　王海南　张雁东　何锡陵　孙胜凯
李　力　王亚琼　柴紫剑　刘戒骄　周　全　江飞涛　刘　楷
巩书心

序

工程科技是社会生产力发展的重要源头，是推动人类社会进步的强有力发动机。21 世纪以来，高科技成果的群体突破和交叉融合不断加速带来大规模集成创新，信息技术、生物技术、新材料、新能源等技术相互渗透，加速了各领域工程科技的发展，科学发现、技术发明、工程创新对产品开发与产业发展作用更加显著，不断催生新的业态，以制造业数字化、网络化、智能化为核心，融合生物技术、新材料新能源、绿色技术的全球新一轮科技革命和产业变革正在兴起，将对人类经济活动和社会生活产生根本性的影响。

未来几十年，我国处于为全面建设小康社会、实现中华民族复兴的中国梦而奋斗的关键战略机遇期，新一轮科技革命和产业变革将与我国加快转变经济发展方式形成历史性交汇。在这一历史时期，中国工程院与国家自然科学基金委员会联合开展的“中国工程科技中长期发展战略研究”是一次较为系统、全面的工程科技中长期发展战略研究，其意义在于：

第一，未来 20 年是我国经济社会发展的关键机遇期，迫切需要强化科技创新、引领转型发展。

改革开放以来，我国经济社会发展取得了举世瞩目的成就，已发展成为世界第二大经济体，步入了发展的新阶段，党的十八大明确提出了“两个 100 年”的奋斗目标，为实现这一奋斗目标，未来 20 年是我国经济社会发展的又一重大机遇时期。这一时期是我国从工业化中期向工业化高级阶段发展的转变期，是我国新型工业化、信息化、城镇化、农业现代化同步发展、并联发展、叠加发展的机遇期，是我国迈向创新型国家的突破期，也是我国能否实现可持续发展、建成资源节约和环境友好型社会的关键期。

2030 年前后，中国将基本实现工业化、步入后工业化时代，与此相适应，我国的经济形态、社会发展以及生活方式等各方面都必将出现新的变化。同时，随着经济总量、人口总量的增长，一些制约我国发展的问题可能愈加严峻，如何破解资源环境与人口约束，突破中等收入瓶颈，实现长期、持续、稳定发展，实现人与自然和谐共处，迫切需要科技创新。加速信息化与工业化融合，促进我国从制造大国迈向制造强国，需要建立坚实的产业基础，解决制约我国产业发展的核心技术问题，对工程科技的发展和自主创新提出了新目标；应对全球气候变化，走绿色和可持续发展道路，需要依靠工程科技形成高产出、少污染的清洁生产方式和资源节约、环境友好的消费模式，对加速发展以绿色和低碳为核心的能源与环境科技提出了新挑战；夯实我国经济社会可持续发展的基础，满足民生发展需求，拓展经济发展空间，对突破资源开发利用、重大基础设施建设和新型城市化发展中的重大关键技术提出了新要求；迎接新科技革命的挑战，催生和培育战略性新兴产业，抢占未来国际竞争制高点，对大力发展以信息技术、纳米技术、生物技术等为核心的高新技术，促进高新技术的融合创新提出了新任务。

创造美好未来是工程科技发展的强大动力。中国的发展正处在关键的战略转折点，适应这些新目标、新要求、新任务，今天我们比以往任何时候都更加需要实施创新驱动发展战略，更加需要强大的工程科技创新力量，把发展从依靠资源、投资、低成本等要素驱动转变到依靠科技进步和人力资源优势上来，坚持走中国特色新型工业化、信息化、城镇化、农业现代化道路，坚持自主创新、重点跨越、支撑发展。

第二，未来 20 年是中国工程科技的重要发展机遇期，若干领域有可能率先达到世界领先水平。

新中国成立 60 多年来，中国经济社会快速发展，其中工程科技创新驱动功不可没。“两弹一星”、载人航天、探月工程等一批重大工程科技成就，大幅度提升了我国的综合国力和国际地位。三峡工程、西气东输、西电东送、南水北调、青藏铁路、高速铁路等一大批重大工程建设成功，大幅度提升了中国的基础工业、制造业、新兴产业等领域创新能力和水平，加快了中国现代化进程。农业科技、人口健康、资源环境、公共安全、防灾减灾等领域工程科技发展，大幅度提高了 13 亿多中国人的生活水平和质量，使中国的面貌、中国人民的面貌发生了历史性变化。展望未来，到2030年，中国的科技领域中也是工程科技最有可能出现重大突破。

这是因为，中国工程科技发展主要受到三方面因素影响，包括自然科学基础理论的引领、工程科技自身发展趋势的引领以及经济社会发展需求的引领。未来20年，中国工程科技的发展，与我国的国情和经济社会重大发展需求相关联，有自己的独到之处，若干领域有可能达到世界领先水平。一是发挥我国举国体制的优越性，根据我国国民经济、公共事业和先进基础设施的发展需求，实施一系列重大工程项目，将有望使我国的铁路、隧道、桥梁、大坝等工程技术以及轨道交通、航天、海洋装备等重大装备技术快速走向世界前列。二是面向我国国情和经济社会发展所面临的一些特殊问题，可以促进相关领域工程技术走向国际先进水平。如我国大规模、快速城镇化过程中面临的建筑节能问题，2030年预计全国城镇建筑面积可达400亿平方米，相当于未来20年内再造一个中国，这样大规模的城镇建设，是无法采用当前西方发达国家的用能模式加以支撑的，必须大力开展全方位节能模式和节能技术创新；又如多震地区高坝安全及高效运行问题，高坝大库在解决我国水资源和能源等问题上目前具有无可替代的重要作用，而高坝大库中存在的难以避让的抗震问题、处理不当可能产生不堪设想的次生灾害后果等，都需要工程科技的突破加以解决。三是在我国已占有大额市场而世界强国关注较少的领域，有可能攻占世界制高点，如纺织、轻工领域等。

可以预见，如果我们应对妥当，未来20年中国的工程科技将会一马当先、绽放异彩。当前如何抓住机遇、实现工程科技的跨越式发展，如何服务于国家又好又快发展，这也是科技界普遍关心和关注的问题，需要给予科学的判断和回答。

第三，审时度势、系统谋划、前瞻研究、及时决策，是牢牢把握机遇、赢得发展主动权的重要手段。

习近平总书记在2014年两院院士大会上指出，“中华民族伟大复兴绝不是轻轻松松就能实现的，关键是时机和决断。历史的机遇往往稍纵即逝，我们正面对着推进科技创新的重要历史机遇，机不可失，时不再来，必须紧紧抓住……要下好先手棋，打好主动仗，对国家和民族具有重大战略意义的科技决策，想好了、想定了就要决断，不然就可能与历史机遇失之交臂，甚至可能付出更大代价”。中国工程院作为国家工程科技思想库，把握我国未来工程科技的发展态势，开展我国工程科技中长期发展战略研究，为中国未来发展提供战略决策，意义重大、任务紧迫，使命在肩、责无旁贷。

正因如此，项目一经提出，即得到中国工程院主席团的一致同意，此外也得到了国家自然科学基金委员会的积极响应。双方商定，通过设立联合基金共同开展中国工程科技中长期发展战略研究，动员科技界各方面的力量，组织一批优秀的科学家，做好这一重大项目的研究。

项目研究则希望能够充分体现中国工程院咨询研究的特点和优势，这主要包括三个方面：一是战略性，结合国家经济社会重大需求，从国家发展全局出发开展研究，要求我们站得更高；二是前瞻性，面向国家未来发展，开展中长期战略研究，要求我们看得更远；三是综合性，面向长远开展国家层面战略研究，要求我们定位更准确，充分体现工程科技发展的综合性、集群性特点，充分发挥中国工程院跨行业、跨领域、跨部门的优势。

在研究中，我们强调，中国工程院要提出重大工程的建议。一是因为，重大工程是连接科技和经济的桥梁，是国家发展经济和科技的重要抓手，对于经济、社会和科技发展均具有极大的带动作用。二是因为，从工程需要出发研究工程科技，可以使得工程和科技很好地结合在一起，避免搞工程时技术储备不足，搞技术时应用背景不准。三是因为，从国家发展需求出发提出重大工程，是中国工程科技思想库的重要职责。

同时，我们也十分强调，要开展跨领域交叉性研究。与基础科学不同，工程具有技术集成性，工程问题一般都是将多种技术综合进行解决，许多经济社会发展的重大问题，如节能、低碳问题等，都涉及工程科技许多领域。多学科交叉性的研究既是中国工程院的特色，也是最有可能产生亮点的方面。因此，项目高度重视顶层设计和研究的系统性，通过学科交叉融合，提出跨学科的重大项目、发展方向，以突出重点，集中力量针对今后影响国家竞争力和影响国家安全的重大战略性工程科技问题开展研究。

在进一步对工程科技发展的重大战略问题进行系统研究的同时，我们认为，也要从引领学科发展的角度，考虑工程科学技术发展的内在规律，强调对工程技术领域中重大理论问题和基础问题的研究，以支撑工程科技的未来发展。对此，则充分利用国家自然科学基金委员会基金项目，动员更多的科技工作者投入研究，为工程科技发展提供新思路和新想法。

“工程造福人类，科技创造未来”。中国工程院和国家自然科学基金委员会联合开展工程科技中长期发展战略研究，就是期望集中全国工程科技人才的智慧，把握战略机遇，选准关系全局和长远发展的战略必争领域和优先发展方向，提出能够影响我国未来发展的发展战略建议，为国家、经济和企业界、学术界等不同层面提供决策和行动参考，为促进我国经济社会和工程科技事业的健康发展做出贡献。

徐匡迪

目　录

前　言

科学技术是第一生产力，工程科技是与经济社会联系最紧密，对其作用最直接、效果最明显的科学技术，是形成现实生产力的关键。新中国成立以来，在党中央领导下，中国工程科技界以国家的发展与强盛为己任，攻克一个又一个技术难关，使我国工程科技总体水平大幅提升，综合国力和核心竞争力显著增强，部分领域已跻身于国际先进行列，在经济建设、社会发展和国家安全等方面发挥了重要支撑作用。

从现在到2030年，我国面临发展的关键转型期和重要机遇期，将经历新型工业化、信息化、城镇化、农业现代化、市场化、经济全球化带来的巨大冲击和空前机遇。面对未来人口持续增加，能源、资源供需矛盾日益突出，全球气候变化和生态环境恶化，技术、市场竞争加剧等一系列问题，我国的经济体制、社会结构和发展方式等都正在并必将发生深刻变革，经济社会可持续发展面临巨大挑战，对工程科技的创新发展提出了更为迫切的要求。但是，目前我国工程科技实现跨越式发展的基础仍显薄弱，众多领域尚未摆脱关键和核心技术受制于人的局面，工程科技支撑经济发展方式转变，促进我国经济社会集约、持续、和谐发展的能力仍有较大差距。

为做好全面应对挑战的准备，2009年，中国工程院与国家自然科学基金委员会共同资助组织开展了“中国工程科技中长期发展战略研究”项目研究，以满足经济社会发展对工程科技的重大需求、促进我国工程科技实现跨越式发展为基本出发点，对2030年我国工程科技发展战略进行系统谋划。项目研究以“三个分析、三个提出”为基本思路，即：在分析世界工程科技发展大趋势、分析我国面向2030年经济社会发展的需求、分析我国工程科技未来发展能力的基础上，提出工程科技支撑与促进我国经济社会发展的新思路、提出能够大幅度提升我国可持续发展能力和综合国力的重大工程、提出具有引领性的重大工程科技专项及需要发展的重大关键共性技术，从而进一步促进工程科技更好地服务于国家经济社会发展，推进创新型国家建设，支撑国家现代化，保障国家战略安全。

本项目以中国工程院与国家自然科学基金委员会设立联合基金的方式进行。联合基金管委会由徐匡迪院士任主任，周济、陈宜瑜、潘云鹤、孙家广、邬贺铨院士任副主任。项目研究工作由中国工程院发展战略研究课题组和自然科学基金项目专题组组成，中国工程院战略研究课题组的任务是提出面向2030年我国工程科技发展战略、建议实施的重大工程和重大工程科技专项，基金项目专题组则以重大工程、重大工程科技专项引出的科学问题和基础理论问题研究为主，形成层次分明、有机结合的研究团队。

中国工程院发展战略研究团队由中国工程院院士和中青年专家共同组成，包括8个领域课题组、4个跨领域专题组和1个综合组。8个领域课题组包括机械与运载，信息与电子，化工、冶金与材料，能源与矿业，土木、水利与建筑，环境与轻纺，农业以及医药卫生课题组；4个跨领域专题组分别是“信息化推动经济社会发展有关工程科技问题研究”、“生物碳汇扩增战略研究”、“我国载人探月工程发展战略研究”以及“我国公共安全相关工程科技发展战略研究”专题组；综合组由工程管理学部院士、各学部专家组组长及执笔人等组成，吸收中青年专家参加，参与项目的顶层设计、总体策划、过程控制、界面衔接和综合集成，综合组下设总体组和工作组，总体组主要是参与项目的总体设计、方案制订以及项目的综合集成等。基金项目专题组主要研究团队由中青年专家组成，国家自然科学基金委员会面向全国公布项目指南，通过招标选定，共有217个依托单位申报了648个项目，分布在28个省（区、市），经中国工程院专家组评审，选出50个项目给予资助。同时，为使项目研究能够紧密结合国家经济社会发展需求，在研究过程中举办系列报告会和专题研讨会，邀请国家有关部委及省市的领导和专家进行了专题报告和研讨。

项目研究于2009年4月正式启动，在两年多的时间里，先后动员了中国工程院9个学部200多位院士和300多名专家参与研究，并在中国工程院全体院士中广泛征求意见。2009年7月，明确了项目组织和工作计划，研讨确定了项目研究纲要、领域课题研究大纲、基金项目指南等；2009年10月确定了50项联合基金资助项目。2010年6月中国工程院院士大会期间各学部就初步研究成果开展了交流，9 月，对各领域课题研究报告初稿进行了研讨审议，并在对综合报告大纲进行研讨的基础上，开始了综合报告编写工作。2011 年 3 月，经过 10 多轮修改，项目组向中国工程院常务扩大会议汇报了项目综合报告以及重大工程、重大工程科技专项建议，5 月召开综合组会议对综合报告进行了审定并向主席团汇报，并于 6 月院士大会期间向全体院士征求意见，在院士建议的基础上修改完善形成了项目综合报告并上报。2013 年 6 到 10 月，在前期研究的基础上，结合国内外科技发展新趋势和我国经济社会发展新需求，中国工程院组织对重大工程、重大工程科技专项等开展了新一轮深化研究，形成重大项目报告并上报。2014 年 6 月院士大会期间进一步征求了全体院士的意见，修改后形成本报告，并用于正式出版。

项目研究始终围绕工程科技服务经济社会发展的核心任务，基于和谐工程观，顺应现代工程科技生态化创新要求，提出我国工程科技发展要遵循“科学规划、超前部署、绿色优先、工程牵引、整体提升”五大原则。科学规划就是要坚持立足全局，深入研究我国经济社会发展规律，系统认知我国经济发展方式转变、建设创新型国家对工程科技发展的战略要求，进行总体规划；超前部署就是要选择若干先导性高科技领域进行前瞻性部署，在一些重要、新兴和拓展生存发展空间的工程科技领域抢占制高点；绿色优先就是要以合理控制总量、确保绿色发展为基调，提出我国可持续发展路线图；工程牵引就是要把握科技突破和工程集成创新特征，组织若干重大工程、重大工程科技专项，促进工程科技的集群突破和重大跨越；整体提升就是要坚持培育发展战略性新兴产业与运用高新技术改造传统产业并举，系统推进产业技术水平和创新能力提升。

项目提出了面向 2030 年我国工程科技“三位一体”的总体战略构想和“两段三步”的发展路径，“三位一体”的总体战略构想就是：工程科技的发展，要紧密结合我国转变经济发展方式、促进经济社会可持续发展及和谐发展的要求，将“缓解瓶颈制约、增强发展能力、提升民生质量”三方面的发展任务和科技要素紧密结合，以缓解瓶颈制约为紧迫任务，优先发展能源、资源高效清洁利用和环境保护技术，缓解我国人口总量与增长压力下的经济社会发展与能源资源环境承载能力的矛盾；以增强发展能力为长期目标，大力发展现代制造业、战略性新兴产业所需的核心技术和共性技术；以提升民生质量为根本目的，全面提高农业、民生和公共安全保障的工程科技能力。“两段三步”的发展路径就是：从现在到2020年、2030年，分两个阶段、三步走来规划工程科技的战略任务，即第一步（2011—2015年）以“突破”支撑我国经济发展方式转变；第二步（2016—2020年）以“拓展”支撑发展能力和民生质量提升；第三步（2021—2030年）以“跨越”支撑工程科技强国建设。三步各有侧重，共同构成未来20年我国工程科技发展的战略途径。

综合各课题组的研究，项目研究提出高效清洁能源开发利用技术、合理持续资源开发利用技术、全程防控环境保护技术、泛在智能电子信息技术、关键新材料工程技术、高端绿色装备制造技术、绿色循环流程工业技术、空天海洋能力拓展技术、现代高质农业技术、宜居节约型城镇化与综合交通技术、普惠健康医药卫生技术以及公共安全高效保障技术12个重点领域工程科技的发展思路、发展目标和重点任务，提出建议在2011—2030年间实施的20个重大工程和20个重大工程科技专项。针对我国工程科技发展中的科技基础、体制机制和外部环境等制约因素，提出应在国务院领导下，加强工程科技重大问题的战略研究与应用，搞好我国工程科技发展的顶层设计、统筹规划；加速科技创新体系建设，促进产学研有机结合和跨领域协同创新；优化科技资源配置，确保科技投入稳步增长和持续保障；进一步加强工程科技人才培养，树立崇尚工程科技创新文化，以保障我国工程科技发展战略的实现。

本项目是中国工程院作为思想库组织的一次重大咨询工作，是对我国工程科技中长期发展战略第一次较为全面、系统的研究。通过两年多的研究，取得了良好成果，形成了中长期发展战略研究的一套方法和一支研究队伍。同时，由于本项目涉及工程科技的各个领域，所要解决的问题复杂、交叉问题多、时间跨度大，在研究过程中遇到了不少困难，对此我们清楚地认识到，工程科技中长期发展战略研究是一项长期的任务，无论是工程科技发展战略方向、战略重点，还是重大工程、重大工程科技专项及其涉及的关键科学技术问题研究，都是一个认识不断深化、论证不断深入的过程。因此，中国工程院与国家自然科学基金委员会将继续合作，在本项目研究的基础上，选择重点领域继续开展深化研究，为我国工程科技发展的科学部署提供进一步支撑。

第一章　世界工程科技发展趋势

工程是人类为了生存和发展，运用科学与技术，有组织地利用资源而进行的造物或改变事物性状的集成性活动。一般而言，工程具有技术集成性和产业相关性。技术集成性是指工程表现为相关或系列技术的集成与整合，形成特定形式的技术集成体；产业相关性是指工程与产品、企业之间具有不可分性，也即与产业活动相关的专业领域都可成为一门特定的工程领域。由此，工程科技是科学技术的重要组成部分，是人类认识自然和利用自然、适应自然实践活动的科学技术，是与经济社会联系最紧密，对其作用最直接、效果最明显的科学技术，是科学技术向现实生产力转化过程的关键环节。总之，满足人类生存与可持续发展需求、促进经济发展和社会进步，是工程科技的根本使命。

第一节　世界工程科技发展的主要特点

工程科技的传统领域稳步发展、日渐成熟，随着科学发现和技术创新，信息科技、生物科技、新能源、新材料、航空航天、海洋等高新技术发展迅速，工程科技新领域不断产生。20 世纪 80 年代以来，全球性资源、生态与环境问题成为世界各国关注热点，对资源能源开发利用、环境保护以及生产生活各领域的工程科技创新提出了迫切要求。特别是 2008 年以来，世界经济遭受了金融危机巨大的冲击，引发了国际社会对现有世界经济秩序的反思，促使人们对现有发展模式的可持续性与合理性进行新的探索，世界范围内的经济发展方式转型对工程科技的发展提出了新要求。

与其相适应，当代工程科技更加关注人与自然和谐发展以及人类的健康发展，培育和发展战略性新兴产业，促进传统产业改造升级，支撑绿色、低碳、智能化和可持续发展，成为工程科技创新的主旋律。总体上看，当代世界工程科技呈现高速发展和高度融合的趋势，主要特点如下。

一、高科技成果积累和交叉融合加速，集成创新成为工程科技突破的重要途径

技术集成性是工程科技的本质特点，伴随着当代科技发展群体突破的态势，由信息科技、生命科学和生物技术、纳米科技、新材料与先进制造科技、航空航天科技、海洋、新能源与环保科技等构成的高科技群体成为发展的焦点。高新技术的广泛渗透和交叉融合往往引发工程科技的重大创新。例如，电子信息技术、生物技术、纳米技术、新能源和新材料等高技术的迅猛发展，使得制造技术不断朝着信息化、智能化、绿色化、系统化及极限制造发展，而制造技术的重大融合创新，将奠定世界产业发展的新基础。

二、信息等技术广泛渗透，并加速促进各领域工程科技的发展

信息技术发展日新月异，微处理器集成度和处理能力仍保持快速增长，计算机体系结构和计算模式不断创新，新一代信息网络基础设施逐步兴起，网络技术正在向互联网与物联网结合的方向加速发展。信息技术与生物、纳米、认知等科学紧密交融，有力地带动了物质科学与生命科学的突破；信息技术与产业技术及业务流程深入结合，诞生了智能制造、虚拟制造、网络制造等多种先进制造技术、模式和系统，实现精益生产，更促进了现代服务业的快速发展和不断创新，推动产业转型升级和经济结构优化调整。随着计算机与通信网络将在速度、容量、带宽、方便性、可靠性、安全性等方面不断取得新的进展，进一步扩大影响力和渗透力，信息技术与各学科、各领域的深度融合和广泛渗透，成为各领域工程科技创新的重要支撑，将不断促进互联互通、信息共享、智能处理、协同工作。

三、科学发现、技术发明、工程创新、产品开发与产业发展交互促进作用更为显著

基础研究、技术发明和产品创新之间相互作用、相互促进的趋势十分明显。技术转化的平均周期明显缩短，第一次世界大战前需要 30 年，第二次世界大战后缩短为 7 年，现在往往仅为 2—3 年。20 世纪上半叶，电话走进一半的美国家庭用了 60 年，20 世纪 90 年代，互联网进入一半的美国家庭则只用了

5 年。基础研究与产品创新之间的结合日益紧密，人类基因组、超导、纳米材料等基础研究成果，以前所未有的速度迅速转化为产品，技术更新与产品更新接近同步。如纳米技术正由基础材料研发向信息、生物以及能源等各个领域迅速渗透并快速进入工业应用，有望引领下一轮经济增长。

四、应对全球性重大问题，人与自然、人与社会和谐发展，成为工程科技创新的重要基点

过去 50 年中，全球经济总量增长了 7 倍，同时，也使区域生态环境承载力超出了可持续发展的极限，能源与资源瓶颈、全球气候问题、生物多样性减少、环境污染、水资源匮乏、土地承载力下降和致命疾病流行等全球性重大问题，使得人类生存环境面临着空前挑战。面对这些挑战，工程科技创新趋于“生态化”，即从长期以来主要注重工程的技术特征，转向注重技术、经济、社会、环境的综合特征；从单纯注重征服自然，转向注重重塑健康生态环境、促进人类长期可持续发展；从长期以来人依靠机器生产产品，转向机器围绕人生产产品，个性化制造和规模化协同创新有机结合将成为重要的生产方式，世界各国更加关注新技术对人与生物的安全性影响以及生产中的安全技术。这些工程科技发展的新理念和新思路越来越广泛地被接受，低碳化、绿色化发展，成为迫在眉睫的科技创新主题，以绿色、安全、可持续为特征的科技革命为未来经济发展提供了新引擎，众多产业的技术形态和经济发展方式随之发生变革。

五、工程科技发展与社会、经济、文化互动，不断催生新的产业形态

科学技术集群突破、加速扩散的趋势，缩短了时空距离，促进了经济社会一体化、全球化发展，现代工程科技与经济社会需求的相互融合、相互促进更加紧密，不断催生新的经济形态和新型经济发展方式。现代信息技术革命促进了信息社会的形成，推动人类进入知识经济时代，21 世纪以来信息基础设施的高度发展和新一代信息技术的突破，将促使人类进一步向“智能社会”迈进；生物技术、航天技术、海洋科技等的加速发展，催生了生物经济、太空经济、海洋经济等新的产业形态；可持续发展需求和理念的出现，使得能源资源高效清洁利用和清洁生产、新能源开发和环境保护技术等迅猛发展，造就了以生态和经济协调发展为核心的绿色经济，并致力于构筑以绿色产业、绿色社会、绿色生活为一体的发展体系；应对全球气候变化的挑战迅速在全球范围内催生了低碳经济；现代安全、可靠、高速的通信和交通网络，对城乡布局和区域经济社会发展产生重要影响。工程科技的发展，为转变经济发展方式、突破时空约束、拓展生存发展空间、推动经济社会变革提供了强大动力。

六、后危机时代各国加强部署新兴技术研发，并积极推动实体经济再创新

全球金融危机之后，世界竞争格局正在发生深刻变革。为抢占新一轮发展的战略制高点，各国纷纷出台新的科技政策和战略，加强研发投入，通过技术创新和大规模应用推广，力图在先进技术、领航产业、国际竞争中获得新优势，新能源、新材料、生物技术、低碳环保、空间海洋成为科技竞争的重点。美国政府将建设新能源经济、促进国民健康、建立强有力的空间计划、提升信息技术等作为关注重点，强调通过科技创新战略恢复美国制造业的领先地位，设立先进制造基金；德国将健康、安全、气候、资源保护及交通列为优先发展领域，等等。我国政府也做出了科技引领可持续发展的战略部署，确定节能环保、新一代信息技术、生物、高端装备制造、新能源、新材料、新能源汽车等战略性新兴产业。与此同时，发达国家借助节能减排、清洁生产技术上的优势，积极实施再工业化，通过对传统产业的改造升级，带动工程科技的不断创新。

第二节　面向2030年世界工程科技发展趋势

一、未来能源体系向多元优化、绿色清洁、安全高效及可持续方向发展，经济合理地实现新能源的规模化应用

随着地球化石能源枯竭和全球气候变暖、环境恶化不断加剧，构建支撑可持续发展能源体系成为能源工程科技的首要任务。中短期内化石能源的主导地位无可取代，而今后几十年内世界能源结构可能产生重大变化，形成油、气、

煤、可再生能源、核能五方互补的格局，低碳能源的份额将逐渐加大。

1. 绿色节能终端能源产品与技术成为节能环保的重要发展方向

电动汽车、绿色照明设备、节能建筑材料等绿色节能终端能源产品，将在未来10—20年内大规模商业化，固态照明将成为极有效的节能和环保手段。美欧日等国家和地区先后发布了关于推动新能源汽车产业发展的国家计划，动力电池技术研发和产业化进程明显加快，成为各国政府在电动汽车领域支持的重中之重。混合动力汽车已经进入了市场竞争阶段，混合度逐渐提高；纯电动汽车开始进入市场并有快速增长的趋势，攻关重点集中在提高电池性能、降低成本方面；燃料电池汽车研发稳步推进，燃料电池出现模块化趋势。绿色照明方面，美国桑迪亚国家实验室从2001年开始制定美国半导体照明技术发展蓝图（2002—2020年），日本也推出了“日本21世纪照明计划”，推进半导体照明技术。预计在2020年前后，半导体照明技术将在日用照明中大规模普及。

2. 化石能源加速向深度勘探开发和高效清洁利用发展

对化石能源的深度开发和高效清洁利用，在未来20—30年内仍将是能源工程科技的首要问题，主要包括地底煤层和油气资源深度开发、油气高效开采和绿色利用、煤炭的高效清洁利用等三大领域。美国、欧盟、日本等都制订了洁净煤技术的发展计划，预计在2020年前后，大多数洁净煤利用技术将实现商业应用。

3. 可再生能源在未来10—20年内有望实现大规模应用

可再生能源在全球范围内正在从补充能源向替代能源快速发展，将在未来20年向战略能源过渡。可再生能源近中期以水能、风能、太阳能为主，中长期地热和海洋能将成为主要能源。风力发电是目前全世界发展最快的新型能源，预计在2020年前后，风力发电成本在一定程度上具备与常规化石燃料发电成本竞争的能力，太阳能热发电预计将在2020年前后实现大规模商业化应用，太阳能光伏发电向并网方向发展，预计将在2020年前后实现实用化。生物燃料技术和产业开始走向转型升级，未来将重点发展纤维素乙醇第二代生物燃料以及新型醇类和合成燃料。

4. 核电向第三代、第四代先进安全的核电系统升级

日本福岛核电站泄漏事故发生后，世界各国比以往更加重视核电安全问题，加速进行核电安全技术和安全设施的研发。目前世界商业运行的400多座核电站绝大部分是第二代核电机组，预计2020年前后第三代核电机组将推广至全球。第四代核电机组是一种具有更好的安全性和经济竞争力、核废物量少、可有效防止核扩散的先进核能系统，代表了先进核能系统的发展趋势和技术前沿，预计将在2030年前投入使用。

5. 电力系统向高效、安全、可靠的智能电网发展

电力系统运行环境对电能的发、输、配、用各个环节间的协调要求越来越高，要求电网向智能化方向发展。美国、欧盟等的新一轮能源计划和政策都高度重视智能电网的发展，美国总统奥巴马的经济刺激计划中，将投资110亿美元用于“智能电网计划”，预计2020—2030年有望实现智能电网的大规模建设和应用。

6. 积极向太空和海洋拓展资源开发利用空间

向太空和海洋获取资源，成为未来资源工程科技的重要发展趋势。开发利用海洋蕴藏的巨大海洋生物资源、海洋能源，特别是石油、天然气等战略能源，是解决未来能源短缺的主要途径之一。未来全球海洋油气勘探开发将继续呈现快速增长的趋势，勘探开采作业海域范围和水深将不断扩大和增加。与此同时，开发利用海上风能、波浪能、潮汐能、温差能等海洋非碳能源将呈现蓬勃发展之势，其技术发展重点为降低海洋能的发电成本、提高能量转化效率、解决材料的耐腐蚀问题和极端条件下的建设问题等。未来太空能源开发将主要集中于太空太阳能发电和太空氦-3的开发利用，美国、日本、欧洲都开展了空间太阳能研究与开发计划，空间太阳能预计将在2020—2030年前后开始试验应用。

7. 氢能、核聚变能等先进能源有望在本世纪实现应用

在美国、欧洲等发达国家和地区，对氢能、天然气水合物（可燃冰）、核聚变能等新型先进能源的研发正在逐渐升温，研发和商业化利用有望在20—40年内兴起，成为中远期能源结构的重要补充。根据欧盟“2020年氢能与燃料电池发展计划”，氢能与燃料电池技术有望在2020—2030年实现商业化应用；可燃冰预计在2020年左右实现商业化应用；核聚变能是一种远期战略能源，被认为是21世纪的换代能源，目前众多发达国家在国际热核聚变实验堆计划（ITER）的组织和带动下开展相关研究，其战略目标是在2035年前后实现可控热核聚变示范堆的持续稳定运行，在2050年以后逐步实现商业化运用。

二、环境技术重点围绕绿色低碳、生物多样性、全球性生态环境问题，向全过程防控和综合治理方向发展

发达国家已基本完成重化工工业的现代化改造，传统污染问题得到了较好解决，实现了环境保护与经济发展的第一次协调融合，未来环境科技的核心任务是大力发展绿色技术和低碳技术，实现经济发展与环境保护的第二次和谐统一。建立地球系统整体研究框架，探寻人类活动与生态系统、经济社会系统与自然环境的协调发展道路，建设源头减排、全过程控制的循环经济科技体系，确保环境健康，成为未来世界环境科技发展的共同目标。

1. 绿色制造、节能减排、资源循环、新能源应用以及温室气体减排和利用等成为行业污染防治技术的持续创新主题，战略性环保高技术产业成为各国发展重点

进入21世纪，发达国家纷纷将发展环保科技、促进绿色经济作为国家战略重点，先进控制、生物加工、纳米技术、电子信息技术等已经成为发达国家环境科技创新的源泉。美国、加拿大、日本、欧盟等发达国家和地区已开始投入全球性绿色制造行动。美国提出在未来20年将原材料和复合能源消耗及污染物排放减少30%；日本在2007年制订了全面物质循环社会建设的科技计划，将在2025年实现“全部清洁化”。发达国家正步入低污染、低排放、产品高值化、再生资源循环利用与产业生态链接的发展阶段，污染防治已转向全过程污染控制与绿色经济技术创新的新阶段。

2. 区域环境质量改善向多尺度结合、深度净化、联合治理和微污染控制方向发展

针对人类活动引起的不同尺度下生物地球化学过程的复杂作用，从全球尺

度到分子水平的多尺度耦合研究成为区域环境问题研究的重要途径，区域环境治理正向深度净化、联合治理和微污染控制方向发展。

发达国家区域空气治理已经由工业废气污染控制转向移动源尾气与室内空气多技术深度耦合净化发展，在区域固体废弃物控制与资源化方面均建立了较为完善的技术体系和全过程管理体系。水环境与水生态方面的研究向宏观与微观两级发展，多学科交叉、多种水环境要素综合分析、多种技术有机集成开展全球、流域及区域系统研究日益成为发展趋势。环境修复技术成为环境技术领域前沿，区域土壤修复逐步向区域土壤－地下水复合系统协同修复技术发展。

3. **全球气候变化应对科技计划成为发展热点，环境监测进入以地球生态与环境系统为对象的全球化、网络化长期综合监测阶段**

随着全球气候变化和全球性环境问题日益加剧，从地球系统的整体观出发，建立全球变化研究和科技应对的综合框架，成为当代科技前沿问题，环境科技研究逐渐进入以地球生态系统为对象的综合集成研究阶段。

气候变化问题引起国际社会和科技界更大的关注。为了应对全球气候变化及其系列影响，各国政府和国际组织发起了一系列有关气候变化的大型科学集成研究计划，已建立全球气候观测系统（GCOS），致力于发展地球系统模式，建立从几小时临近预报直到上百年的气候变化预测的多尺度、无缝隙气候预报系统，确定全球温室气体中长期减排目标。

在环境监测方面，发达国家的环境监测技术大体经历了典型污染事故调查监测、污染源监督性监测和环境质量监测为主的三个阶段，建立了比较完善的环境标准、监测技术与方法体系。伴随着全球变化研究，环境监测目前已进入以地球生态环境系统为对象的全球化、网络化、长期观测阶段。

4. **生态科技与社会、人文科学等多学科集成，在更广泛的空间尺度和更长远的时间尺度上研究和解决全球生态问题，促进生态健康与人类健康的和谐发展**

随着研究对象和关注点的变化，生态学研究日益向区域化和全球化发展，应对人类高强度活动和全球环境快速变化，多学科综合、以生态研究计划带动网络发展，成为生态系统研究的重要思路，将逐步建立区域、国家乃至全球性生态观测网络和研究平台，同时在短期和中长期时间尺度上，研究人类活动和全球变化条件下的生态系统及其变化规律，发展生态系统管理技术、退化系统修复技术和生物多样性保育技术，解决日益退化的生态系统与人类需求之间的矛盾。

三、电子信息将在智能感知、大数据和新一代互联网技术上取得突破，并与行业应用深度融合发展

1. 信息技术领域新概念不断涌现，未来将向泛在、融合、智能和绿色和高可信的方向发展

近年来，信息技术领域不断推出新的技术发展战略，如利用分布式计算技术提供无限量廉价存储和计算能力的“云计算”，向规模化、智能化和协同化发展以达到互联互通互操作的“物联网”，具有更透彻的感知、更广泛的互联互通、更深入的智能化特征的“智慧地球”等。以“大、智、移、云、物”，即大数据、智能城市、移动互联网、云计算和物联网为特征的第三代信息技术平台成为信息科技关注的重点。2020 年前后，信息技术发展主要特点是高性能低成本（高度）、普适计算（广度）和智能化（深度），重点发展方向是低成本、低功耗、高性能的集成电路，高可信软件，宽带移动互联，网络安全与信息安全以及高效率高性能计算机等。

2. 新理论、新结构和新材料将使电子信息器件迈向变革性时代

集成电路芯片是电子信息产业的基础。40 多年来，集成电路的发展一直遵循着“摩尔定律”，在采用新结构、引入新材料的前提下，传统的 MOS 器件至 2020 年能够发展到 14 纳米技术代，其物理沟道长度为 6 纳米，光刻栅长度为 9 纳米。另一方面，随着微、纳电子学的融合，未来的信息功能器件将充分利用微电子技术、传感器技术、纳米技术甚至生物技术等，研发出各种固态量子器件和低维器件。

3. 未来网络技术有望取得新突破，将构建形成全新的网络体系结构

美国、欧洲、日本等国家和地区 2005 年之后纷纷启动了未来互联网研究计划，将未来网络研究上升到国家战略的高度，制定了比较完备的中长期发展

战略和计划。如美国的全球网络创新基础设施（GENI）计划和未来互联网设计（FIND）计划，欧洲的未来互联网研究与实验（FIRE）计划、日本的AKARI新一代网络架构设计计划等。这些计划均采取了重新设计一种面向未来需求的新型网络体系架构的研究思路，同时充分考虑了传感器网络、云计算等新应用对未来网络架构的需求。

4. 信息技术与多学科领域交叉融合，在经济社会发展中得到全面应用

21世纪是信息技术广泛应用的时代，信息技术在10年后将全面推广应用到经济社会发展的各个技术领域中。目前各国已经制定了各种信息化发展战略，在重视核心和关键技术突破的同时，更加注重多样性、开放性以及跨领域的技术创新，信息技术与纳米、生命技术等的不断融合，将创新信息生物、社会计算、纳米智能、人脑模拟等新技术。颠覆性的信息技术及新兴交叉学科的出现给全球信息科技与产业的发展带来前所未有的机遇和挑战，能源互联网、智能制造、增材制造等前沿技术蓬勃发展，可能引发新的产业变革。

四、生物技术将继续在农业、医药、能源与环境等应用上取得重大进展，并有望成为新的现代工业技术革命的重要驱动力之一

1. 农业生物技术为保障食物安全、保护环境和实现农业可持续发展带来新希望

基因组测序、功能基因组学、蛋白质组学、生物信息技术等方面的重大进展，将带来农业育种、农业资源高效利用、食品安全、生态保护等方面的新突破。转基因植物发展十分迅猛，作物、畜禽分子育种体系将逐渐成熟，动物体细胞克隆技术不断提升动物育种效率，分子诊断技术和基因工程疫苗成为畜禽、渔业重大疫病防治的重要手段。安全、高效、环保型生物农药、肥料和饲料添加剂的市场占有率逐年提高。以基因芯片生物技术为基础的“物联网”溯源技术将成为养殖产品及加工制品质量安全控制关键技术的重要发展方向。总体上，生物技术和信息技术、新装备新材料等新技术与农业常规技术的结合，将极大地促进农业科技水平提高，促使农业技术向定量化、规范化和集成化方向发展，节水节肥、可控环境农业生产、农业废弃物资源化等将成为世界

农业技术发展的重要方向。

2. 以合成生物学为基础的工业生物技术将成为生物产业发展的关键核心技术之一，环境与海洋生物技术仍将是生物技术研究的重点

生物制造技术是21世纪制造业最重要的领域之一，生物的自组织、自生长、自生成、遗传等智能特性的引入和仿生原理的应用，将为制造技术带来革命性的变化。以生物制造功能为代表的合成生物学应用研究发展迅速，奠定了合成生物学在医药、能源、化学品材料和环境等领域的应用基础。合成生物学首先应用于天然药物的生物合成、生物能源和生物基化学晶领域。2006年，美国加州大学伯克利分校的Keasling实验室将多个青蒿素生物合成基因导入酵母菌中产生了青蒿酸，并已具备工业生产潜力；近年来，合成生物遗传物质的研究进展迅速，人工化学合成病毒和细菌基因组均已实现。美国、欧洲等在合成生物学上投入了大量人力物力，在各国政府政策和计划以及合成生物学商业前景的刺激下，BP、Shell、BASF等跨国公司斥巨资投入，一批中小型生物技术公司在风险投资的支持下也开始开发相应的生物制造技术。基于合成生物学的生物制造技术突破将带动工业生物技术发展，推动以生物能源、生物材料、生物化工和生物冶金等为代表的现代工业技术革命的到来，促进工业经济从化石经济向生物经济转变。环境生物、生物处理方法、海洋生物技术等仍将是生物技术研究的重点方向，生物可降解材料将进入市场，对解决环境可持续发展将发挥重要作用，生物质能源的大规模利用将改善能源短缺和环境污染问题。

3. 组学与系统生物学等引领现代医学发展

20世纪与21世纪之交，生命科学的重大事件是人类基因组计划完成并进入功能基因组时代。随着人类基因组计划等重大技术相继取得突破，以基因工程、细胞工程、酶工程为代表的生物技术迅猛发展，现代生物技术在医学治疗方面应用日趋广泛，生物医药产业化进程明显加快并向高技术支柱产业发展，同时，海洋生物医药作为一个重要组成部分，其研究也进入了全面发展的阶段。当前，生命科学进入创新密集阶段，组学和系统生物学研究带来系统解析生命规律的新阶段。分子生物学、人类基因组计划、微生物基因组计划、蛋白质组学、生物催化工程技术以及生物信息学等的发展，孕育了系统生物学，高精度、高通量测量技术、计算机和相关医学软件的发展，进而为系统生物学的发展奠定了基础，而系统生物学的诞生将进一步提升后基因组时代的生命科学研究和慢性病防控能力，基于系统生物学的慢性病防控研究，未来将逐步实现慢性疾病的个性化诊断、早期预警和干预以及药物的高效开发。

五、材料技术向高性能、低成本、纳米化、复合化和绿色化发展，制造技术向全球化、智能化、绿色化和极限化发展

1. 高性能、低成本、纳米化、复合化以及绿色化成为材料未来发展的主要趋势，生物医用、信息、能源、交通等重要应用领域材料有望实现集群革命性发展

新材料是高新技术发展的物质基础和先导，也是传统产业结构调整及转型升级的关键。工业发达国家将新材料列为21世纪优先发展的关键技术领域之一。

量大面广的传统材料在社会经济发展过程中发挥着重要作用，通过技术发展提升性能、创新品种，在未来仍将占有重要位置。与此同时，新材料正向结构功能一体化、功能材料智能化、材料与器件集成化、制备过程低成本化与绿色化、使用过程长寿命等方向发展，新材料的研发与应用联系更加紧密。

在大规模需求牵引下，材料技术与纳米技术、信息技术、生物技术不断融合，多功能化趋势明显，技术突破催生了大量的新材料品种，加快了产品更新换代的速度，拓宽了应用领域。新能源材料、生物医用材料、信息材料、智能材料等持续迅速发展，有望实现集群突破，研发出一批新技术和新产品。“材料基因组计划”可能带来材料研发模式的根本变革。

面对能源、资源、环境等巨大压力，绿色生态材料的开发与应用力度也逐步加大。世界各国都在推进再工业化，高度重视可持续发展及绿色制造技术，调整新材料技术和产业发展战略，工业发达国家政府积极争夺低碳经济发展的主动权。发展性能优异、节省资源、减少污染和可再生利用的新材料，将是新材料技术及产业的重要趋势。

2. 新材料、新能源和生物技术的发展将带动制造业产生重大变化，信息技术与制造技术的深度融合将全面促进制造的信息化、智能化、数字化和网络化

新材料技术、信息技术和生物技术等高技术的发展将给制造业带来深刻的乃至革命性的变化。新材料不断诞生将大幅度提高过程工业的效率和清洁程度，纳米技术与先进制造技术的发展和应用将有望产生体积更小、技术集成度更高、更加智能化、功能更优异、环境更友好的器件、系统、工艺方式和制造体系。微纳米制造、生物制造技术等新兴技术将发展成为新的产业。信息技术应用于制造设备的控制与改造、生产系统的管理等方面，将不断促进设计技术的现代化，加工制造的精密化、快速化，自动化技术的柔性化、智能化，设计制造过程的网络化、虚拟化以及生产模式的不断变革，数字化设计、增材制造、机器人等成为制造业发展的重要方向。德国提出以智能制造为主导的第四次工业革命“工业 4.0”项目，旨在建立高度灵活的个性化和数字化产品与服务的生产模式。节能环保的要求将极大地带动新能源基础设施、新能源和节能环保交通运输设备以及新型过程制造装备等新型装备的发展。

六、水资源与矿产资源向高效安全、循环替代、环境友好、地球深部和非常规勘探开发利用技术快速发展

1. 矿山规模大型化，采矿作业集约化，矿产资源开发利用加速向无废化、自动化方向发展

进入 21 世纪以来，世界范围内对矿产品需求的迅猛增加，促进了矿业的持续升温和矿业工程科技的快速发展。发达国家非煤矿业的发展目标是集成各学科高新技术，创造更安全、更高效率、更低成本、更少环境污染的矿产资源开发新模式和新技术，推动非煤矿业向着无废开采和自动化采矿方向发展，促进资源利用向高回收率、低成本、节能、环保和健康安全的方向发展。

2. 大力开发陆地深部资源及低品位资源，强化再生金属回收利用

开发地球深部矿产资源成为国际矿业发展的重要趋势，许多发达国家都制订了相关计划。澳大利亚在 21 世纪初提出了“玻璃地球”计划，以使地下

1000米内变得“透明”；加拿大也提出了类似计划，力争使地下3000米内变得“透明”。再生金属回收利用技术也是世界各国的发展重点，低品位资源溶浸法回收利用矿种趋向扩大，发达国家废钢、铜、铅等再生金属的利用已逐步取代了原生资源，占据主导地位。

3. 着力解决水资源安全问题，建设节水防污型社会，建立高效、公平、统一的水资源管理体制

发达国家通过建设大型灌区，开采地下水源，发展喷灌、滴灌，以及流域调水引水等，形成了前所未有的灌溉与城乡供水体系以及大规模的防洪工程体系，并建立起各体系相应的监控、调度系统。水资源领域的前沿问题是研究水资源形成、可再生性维持机理及时空变化规律，探讨水资源可持续利用的方式和对策。主要江河流域的洪水特性与发生规律、大江大河整治与防洪方略、流域规划理论、大型防洪枢纽工程的设计建造技术、洪水预报调度理论与技术等，成为21世纪水资源领域有代表性的重大科技问题。

七、对健康和疾病认识的深化，将推动医学向预防医学、预测医学、个体化医学和参与医学相结合的模式发展

1. 疾病预防与人类健康成为医药卫生研究的重要主题

世界卫生组织（WHO）在《迎接21世纪的挑战》报告中指出，21世纪的医学研究应更加注重对人类健康的研究，深化健康概念，促进以“治病救人”为导向的诊疗医学向“防病健身”的预防医学方向发展。发展出一整套新的防病健身理论知识、技术方法和实践模式，是新时代医学科学面临的挑战之一，包括医疗及研究重心前移，将上游研究与下游技术开发相链接，根据疾病发病机理和医疗需求提出预防、诊断、治疗的技术原则和方案，提高疾病防控能力，改善人民的医疗和生存环境等，为实现“人人享有健康”的战略目标提供科技支撑。

2. 转化医学成为重点，基础研究与医疗应用相互促进、共同发展

转化医学倡导由实验室到临床（B to B），由人类基因组到预防、预测、个体化和参与医学相结合的4P（Preventive、Predictive、Personalized、Participatory）医学，由科学发现到社区卫生的模式，既是新的概念，又是实际推动医学发展、药物研发和健康促进的引擎。其中心思想是以解决临床和健康问题为目标驱动实验室基础研究，使临床与基础、研究与应用相互促进发展。其目标是实现更精确的预警与诊断，更有效的干预和治疗，降低发病率、推迟发病平均年龄，提高治愈率、减少重症患者，降低医疗的综合成本，提高人民的健康水平和生活质量。

3. 再生医学成为新一轮竞争的优先发展领域

20 世纪末期干细胞研究的一系列重大突破，重新燃起了组织器官再生修复的希望，组织工程学的建立又为再生医学的临床应用提供了技术手段和方法，以干细胞技术为代表的再生医学正成为本世纪人类疾病治疗的支柱性医疗技术之一，《科学》（Science）杂志把组织再生列为 21 世纪中的 25 个“重大科学问题”之一。未来 15—20 年将是临床医学器官移植领域、干细胞移植研究与应用发展的黄金阶段，再生医学由其对脊髓截瘫、创烧伤修复、器官移植、肿瘤切除、老年性痴呆和先天缺陷等所造成的组织器官损伤、缺失等带来的巨大治疗作用，受到科学家们的高度重视并竞相开展研究。

4. 数字化医疗、健康信息网络将大规模建立和不断完善

世界许多国家投入巨额资金发展数字化医疗和医疗信息化技术。美国 2004 年启动了“全民电子健康档案项目”，2009 年明确将让每个美国公民的健康档案电子化，宣布先期投入 200 亿美元用于发展电子健康档案信息系统。英国国家医疗服务体系（NHS）从 2002 年起通过了建立国家医疗信息化项目的计划（National Programme for IT，NPfIT），投资 62 亿英镑建立了号称全世界最完善的医疗信息系统。

5. 整体医学将与个体医学结合，推动医学的发展

随着现代医学疾病诊断防治效率的不断提高，个体化诊疗逐渐发展成为医学研究的重点目标。个体化诊疗的基础是新一代 DNA 测序技术、复杂性状疾病的易感基因定位鉴定和功能研究、与疾病相关的分子标志物和特异性分子标签的筛选鉴定及结合计算机和生物信息学技术的综合分析技术、跨国界跨人种的大人群研究和遗传流行病学研究等方面的重大突破，其研究重点是发现疾病易感基因和药物敏感性相关基因、鉴定特定的分子靶、鉴定可用于预测个体化医疗的重要遗传信息、研究基因－环境相互作用，并将之用于疾病的预防。

与此同时，随着现代医学学科分化、发展及技术进步达到前所未有的深度和广度，如何从整体观点出发，充分利用现有海量生物信息和生物计算技术以及生物资源，阐明生理和病理状态的机理，构建疾病模型，成为系统生物学和系统整合医学的历史使命。

6. 医疗技术创新和设备、产品的研制日益受到重视

今后10—20年内，医学科学研究技术将更趋向于规模化、系统化、集成化、网络化和数字化，力争做到动态化、可视化和定量化研究生命活动过程以及疾病发生发展与转归过程。医学影像技术、介入技术、遗传工程技术、人工器官、微电子技术、纳米技术、芯片技术、干细胞技术、生物信息技术、计算机技术和具有生物功能的辅助设备创新将为医疗、保健、康复医学注入了新内容和新活力，为医学模式的转变提供了技术支撑。

八、空间技术向综合化、网络化、天地一体化和深空探测发展，海洋技术向深远海资源开发利用、立体观测发展

1. 卫星平台向高稳定和高承载方向发展，有效载荷向多传感器融合方向发展，外太空利用有望发生革命性变化，空间技术应用日益广泛渗透于经济社会及生活各领域

卫星平台技术继续向长寿命、高可靠、高承载比、高定位精度方向发展。对地观测卫星有效载荷向多种传感器综合及多谱段、多极化、多角度、多模式观测发展，通信卫星有效载荷朝着大口径、多波束、大功率、多频段方向发展，量子、激光等新型载荷技术的突破，有望大幅提高卫星应用性能。高速空间互联网技术得到重视，天地一体化和全球化成为卫星系统发展的重要趋势。运载火箭继续向大推力、低成本、无污染和新的可重复使用航天运载器方向发展。与此同时，低成本运载火箭、小卫星和微纳卫星的发展有望引发新一代“轨道革命”，卫星及应用市场潜力巨大，卫星应用日益向商业化、多样化、个性化方向发展，卫星通信、导航定位和遥感技术的集成以及与互联网、物联

网、大数据等新一代信息技术的融合更加紧密，不断向网络化、智能化发展。

2. 载人空间探索、深空探测长足发展

各国提出了一系列深空探测和载人空间探索新计划，涉及不同科学领域和多种探测主体。载人探月和构建月球基地逐渐成为长期发展目标，奔向火星将成为21世纪载人航天发展的新趋势。欧盟、俄罗斯、日本、印度等国家和地区分别提出载人探月的计划和设想；2010年美国颁布了新的《国家空间政策》，制定了两项载人空间探索目标，即在2025年将人类送上地球附近的一颗小行星，以及在21世纪30年代中期将人类第一次送往环火星轨道。深空探测转向更远深空的无人探测，探测重点逐渐转向其他行星的深入探测，尤其是对行星的表面巡视，太阳系、银河系、小行星等更广域宇宙空间的无人探测将日益增多。

3. 海洋立体监视监测能力逐步覆盖全球

发展海洋环境立体观测系统，是海洋能源、资源开发与利用，海洋环境保障的基础和关键。多平台集成观测，即集成海洋遥感遥测、自动观测、水声探测和探查技术，以及卫星、飞机、船舶、潜器、浮标、岸站等制造技术，建立立体、实时的海洋环境观测及监测系统，成为海洋立体观测系统的基本发展趋势。各国纷纷开发研究海洋技术集成，建立各种监测网络，如全球海洋观测系统、全球海洋实时观测计划以及全球综合地球观测系统等的实施，为海洋研究所需的全球、区域和国家尺度的长期观测、监测与信息网络的建设提供了可能。

4. 海洋资源的开发利用积极地向深远海拓展

随着陆地资源的日益消耗，开发利用深海资源已成为人类的战略选择。深海资源、矿产资源勘查技术将向大深度、近海底和原位方向发展，多金属结核、富钴结壳、热液硫化物的开采已完成技术储备，有望实现商业开采。深海微生物的保真取样和分离培养技术不断完善，深海微生物及其基因资源的开发利用，初步展现了其在医药、农业、环境、工业等的广泛应用前景。海水淡化技术向规模大型化和环境友好化发展。深海运载与作业技术装备朝着实用化、综合技术体系化方向发展，功能日益完善，作业深度不断加深。

第二章　我国经济社会发展对工程科技的战略需求

21 世纪以来，我国逐渐步入发展型社会新阶段，正在经历工业化、信息化、城镇化、市场化、经济全球化和金融危机带来的巨大冲击和空前机遇，我国的经济体制、社会结构和发展方式等都正在并必将发生深刻变革。2011—2030 年，是中国经济社会发展的又一重大关键转折时期，解决经济社会发展面临的重大瓶颈问题，突破未来经济社会发展所面临的严重制约，对工程科技的跨越式发展提出了迫切需求。

第一节　2030 年我国经济社会发展情景分析

一、我国当前经济社会发展阶段分析

本部分主要从经济发展规模、工业化、城镇化、信息化、市场化和科技水平等方面对当前我国经济社会发展情况进行分析。

1. 我国已成为世界第二大经济体，具备了庞大的生产能力，但人均 GDP 水平不到世界平均水平的 1/2

2009 年我国国内生产总值达 34.1 万亿元，超越德国，成为第三大经济体；2010 年国内生产总值达 39.8 万亿元，超过日本，成为第二大经济体，为未来经济发展提供了坚实的物质基础。城乡居民消费水平不断提高，消费结构逐步改善，城市居民消费已经从过去的“衣”、“食”为主的阶段进入“行”、“乐”、“住”阶段，但人均 GDP 水平仍相对较低，2013 年为 6747 美元，不到世界平均水平的 1/2，排名 82 位，不足日本、美国等发达国家的 1/5。

2. 我国目前处于工业化中期加速发展阶段，初步形成了开放型经济体系

以工业为主的第二产业是我国改革开放以来经济社会发展的持续推动力，1978—2013 年期间，工业年均增速为 11.2%，高于国内生产总值 9.8% 的年均

增长率。2000年以来，我国工业逐渐进入工业化中期的后半段，重化工业工业化过程逐渐深化，电力、钢铁、机械设备、汽车、造船、化工、电子、建材等工业，成为国民经济成长的主要动力，主要工业品产量位居世界前列。

我国已初步建立开放型的经济体系，经济对外依存度高，对外贸易成为国民经济发展重要动力，出口结构也得到了极大改善。2013年我国出口总额达2.21万亿美元，工业制成品出口额占比已经上升到95.1%。

3. 我国已处于城镇化中期阶段，城镇化快速发展，道路基础设施逐步完善

我国正处于城镇化中期的快速发展阶段，全国城市建成区面积由2000年的2.24万平方公里提高到2012年的4.55万平方公里；城镇化比率突破50%，由2000年的的36.2%提高到2012年的52.6%，每年新增城镇人口近2000万人。城市道路公共设施极大改善，高速公路、电气化铁路里程、民航运输线路长度高速增长。

4. 我国信息化水平基本达到世界中等发达国家水平，信息技术应用普及

据2010年《信息化蓝皮书》可知，我国信息化总体上已基本达到中等发达国家水平，信息化与经济社会融合日益深入。网络基础设施、信息资源等方面进展迅速，制造业信息化达到中等发达国家水平，通信服务业、金融业、航空服务业等已成为典型的信息时代现代服务业部门。农业信息技术和农业信息化装备也正在不断得到推广应用，到2009年年末，中国开通互联网的乡镇比重已达99.3%。

5. 我国市场化深度与广度提升，市场化转轨仍处于攻坚阶段

自1992年提出“市场经济”以来，我国市场化程度不断提高，2001年加入世界贸易组织后各种生产要素市场化程度显著提高，贸易自由化程度更高，金融业更加开放，经济市场化的深度与广度都在不断增强，市场化程度达到市场经济临界水平（60%），属于发展中的市场经济国家。但政府对国民经济的控制度仍较大，资源性和垄断性行业要素价格不合理，在市场准入方面存在较多限制，市场经济法律体系和金融业运行机制有待完善，市场化转轨仍处于攻坚阶段。

6. 我国已进入科技能力重要跃升期，整体科技水平处于发展中国家前列

2000年以来，中国科技飞速发展，科技创新能力加速提升，取得了一系列的科技成果，整体科技发展水平已经处于发展中国家前列，一些科研领域已经达到国际先进水平，对经济社会发展的支撑作用显著增强。但是，我国多数产业领域以引进模仿为主的技术发展模式尚未得到根本改变，缺乏产业核心技术和关键共性技术，自主创新能力仍相对不足。总体上看，目前我国产业科技创新仍以引进模仿为主，但在战略性新兴产业等一些重要领域，自主创新日益活跃，科技能力进入重要跃升期。

与此同时，现阶段我国经济社会发展中存在经济增长方式粗放、收入分配格局不合理等重要制约。

（1）经济增长过于依赖资本、劳动、土地、能源和资源等要素的大量投入，经济结构失衡日趋严重。

长期以来，低价格水平下资本、劳动、土地等要素的大量投入，特别是资本的高投入和资源的高消耗，是中国经济快速增长的主要推动力，自主创新能力相对不足。2000—2013年间，我国GDP年均增长率为9.9%，而同期按可比价计算的固定资产投资年均增长率超过20%，远高于GDP的增长率，且宏观投资效率持续下降；居民收入和消费增长率则均低于GDP增长率，最终消费率从62.3%下降至49.8%。经济增长过分依赖投资拉动和外需，导致宏观经济严重失衡。同时，地区、城乡差距仍然很大，东部与西部地区人均GDP的差距从2005年的1.5万元扩大到2013年的2.8万元，2012年城镇居民人均可支配收入是农村居民纯收入的3.03倍。

（2）经济增长方式粗放，环境污染、生态破坏和资源能源相对缺乏问题非常突出。

中国经济虽然经历了30多年的高速增长，但发展方式粗放，资源能源利用效率低，环境代价十分巨大。2006—2013年间，虽然能耗、污染物减排工作取得了阶段性成果，全国单位GDP能耗持续下降，二氧化硫排放量减少21%，但能耗水平仍很高，生态破坏、环境整体恶化趋势仍在继续。2012年，我国GDP占全球GDP总量的11.4%，但消费了世界20%的能源，单位GDP

能耗是世界均值的2.5倍、美国的3.3倍、日本的7倍。

（3）公共产品与公共服务不足，社会保障程度低。

改革开放以来，我国的经济体制、社会结构和发展方式等都在发生深刻变革，这种变革带来了巨大的发展活力，但收入分配格局不合理、政府公共服务支出偏低，公共需求的全面快速增长与公共服务不到位、基本公共产品短缺的矛盾越来越突出，特别是农村边远地区的医疗、教育等基本公共服务严重不足，广大农民和城镇低收入者的社会保障水平低。

从总体上看，我国处于工业化中期后半阶段，面临资源环境严重制约、经济结构失衡，急需转变经济发展方式，实施结构调整和产业升级，保障民生需求和经济社会的可持续发展。

二、2030年前我国经济发展面临的外部环境

1. 世界经济将持续增长，全球化趋势更加显著，技术扩散发展迅速

国际金融危机使世界经济遭受巨大冲击，世界经济增长率大幅放慢，后危机时代贸易保护主义呈现新趋势，以碳关税为代表的贸易壁垒凸显。但长期来看，世界经济仍将持续增长，到2030年，全球化将进入新的发展阶段，金融一体化、经济一体化继续加强，新技术将在全球范围内迅速传播。经济增长及一体化同时也将带来全球结构失衡、失业、不平等以及贫困等严峻挑战。

2. 新兴国家发展推动世界经济政治格局调整，全球资源、技术和市场争夺更为激烈

新兴经济体和发展中国家未来持续发展的能力，将推动世界经济格局及世界经济政治秩序的变革。国际关系的重心正在从大西洋向太平洋转移，亚太地区在全球的地位逐渐上升，未来世界政治多极化发展趋势不可逆转。随着新兴国家的崛起，全球技术与市场竞争、稀缺能源资源争夺将更加激烈，环境压力逐步加大。

3. 世界人口持续增长，全球人口老龄化趋势突出，与人口健康和生活质量相关的科技创新需求日益增强

世界人口将持续增长，发展中国家的人口增长速度快于发达国家，劳动力

增长速度高于人口增长速度。与此同时，全球人均期望寿命延长5岁，人口老龄化趋势日渐突出。全球收入的增长、消费水平提高，也将对世界产业和消费结构产生重要影响。

4. 高科技群体突破和应对全球性问题将促进世界产业结构调整，新兴产业和以低碳、绿色为特点的新经济模式逐渐形成

国际金融危机之后，国际社会加速寻找新一代科技及产业经济的突破口。在信息、能源、地球与环境、生命、脑与认知科学等领域科技的多点突破，将引发新的产业革命，信息化仍将是全球范围内推动经济和社会变革的主要力量，主要工业化国家在新兴产业领域不遗余力地开展竞争，全球产业结构将发生新的变化，新兴产业、生产性服务业比重将逐渐上升。

与此同时，全球经济增长和全球化带来的收益，在一定程度上将被其带来的环境负效应抵消。为了应对伴随人口与经济增长产生的一系列全球性问题，国际社会要求更多的国家加入多边合作，并大力促进节能环保、新能源、低碳等领域科技发展，将在世界范围内加速形成以低碳、绿色为特点的新经济模式。

三、2011—2030年我国经济社会发展情景分析

在加速转变经济发展方式，走集约式发展，人与自然、人与社会和谐发展道路的前提下，2030年我国将步入后工业化时代，城镇化基本完成，实现产业结构升级和相对可持续发展，达到高收入水平，并逐步呈现老龄化社会的特征。

1. 依靠科技进步，经济将保持较快增长，产业结构不断升级，2030年将步入后工业化时代

主要依靠内需增长和科技进步，2011—2030年间，GDP仍将平稳较快增长，预计年均增长率为6%—7%。从产业结构整体趋势来看，2011—2030年期间，第一产业、第二产业占比将持续下滑，第三产业将接替第二产业，逐渐发展成为推动经济增长的主要力量。2013年服务业增加值比重达到46.1%，首次超过第二产业，2020年第三产业的占比将超过50%，我国基本实现工业

化；2030 年前后，中国将步入后工业化时代，第一产业的比重将下降到 5% 左右，作为国民经济的基础，农业将通过升级换代提升综合生产能力，以确保未来食物安全。

2. 城镇化率还将显著提高，2030 年将达到 68% 左右

2010—2015 年间，我国仍处于城镇化快速发展阶段，在此期间，城镇化率平均每年提高 1 个百分点左右，2013 年城镇化率已达 53.7%；2016—2030 年间，城镇化速度将逐步放缓，预计 2020 年达到 60% 左右，进入中级城市型社会；2030 年达到 68% 左右，到 2020 年前和 2030 年前全国需要市民化的农业转移人口总量分别达到 3.0 亿和 3.9 亿。

3. "十二五"劳动力数量将达到峰值，约到 2025 年人口数量将达到峰值，老龄化问题日益突出

预计我国人口将在 2024 年达到高峰，约为 14.2 亿人，老龄化问题将日益突显，老年抚养比和总抚养比都显著上升。2013 年我国劳动人口数量（15—64 岁）达到高峰，为 10 亿人左右，随后将逐年下降，而劳动力价格却不断上升，因劳动力供给充足、成本低带来的经济增长效益（人口红利）将不再延续，经济持续增长的动力将更多地有赖于科技进步。

4. 人均 GDP 持续较快增长，2030 年将基本步入高收入国家行列，居民消费结构不断升级，城乡差距相对缩小

在未来 20 年里，我国居民收入将持续快速上升，2030 年人均 GDP 将达到 13000 美元左右（2008 年美元价），我国将从中等收入国家向高收入国家迈进（按照 2009 年世界银行标准，人均国民总收入超过 12196 美元便达到高收入国家标准）。随着人均收入水平持续较快提高，居民消费结构也将不断升级，汽车、医疗保健、住宅、教育、文化娱乐、旅游和服务消费占比将明显提高，农村居民消费结构也将逐步提升。

5. 工业化、城镇化发展对能源资源环境的压力增大，依靠集约式增长，2030 年单位 GDP 温室气体排放量将可能在 2008 年的基础上下降 60% 左右，能耗下降 50% 左右

现阶段我国能源资源短缺低效、生态破坏、环境污染等问题已非常突出，

2010—2030年间，工业化和城镇化进程还将带来能源、资源的大量消耗和巨大的污染物、温室气体排放压力。按照目前发展模式及发展趋势，2030年能源消耗总量将达到2008年能源消耗总量的3倍，而单位产值温室气体排放则在2008年的基础上下降13%。为此，必须切实大力推进增长方式的转变，积极开展结构减排、技术减排，在集约式增长方式下，预计2030年单位GDP能源消耗相比2008年将下降约50%，单位GDP温室气体排放量将下降约60%。

第二节　我国工程科技发展现状

随着我国经济社会的快速发展，综合国力持续提升，科技投入不断增强，重大科技专项相继实施，我国已成为全球科技创新竞争格局中的重要新兴力量，工程科技整体水平有了很大提高，但与世界先进水平相比仍有不小的差距，自主创新能力尤其是高端、核心、关键技术自主创新能力尚不能满足经济社会发展需求和应对激烈的国际竞争。

一、能源开发利用技术取得显著进展，但传统能源尚未摆脱粗放发展模式，新能源开发利用与先进节能技术有待突破

1. 化石能源开发利用技术快速发展，但效率低，能耗水平高

煤炭的高附加值利用发展较快，煤炭气化技术已较成熟，煤炭液化处于工业化规模示范阶段。行业整体能耗水平较高，洁净煤技术的发展与国际先进水平存在较大差距。我国已成功掌握先进的超超临界火力发电技术，但行业现有火力发电机组效率仍较低。石油的勘探和开采与国际先进水平有较大差距，主要技术装备和软件依靠引进，石油炼制的产品质量和装置还仍有明显差距，石油替代能源技术发展缓慢。初步掌握了天然气开采配套技术，尚需进一步发展和完善勘探和采掘能力。

2. 水电资源开发利用总量大，但水电利用率仍较低

新中国成立60多年来我国水电累计发电量67273亿千瓦时，相当于替代

了26.4亿吨标准煤，减少了二氧化碳排放约59.6亿吨。我国水电装机容量和年发电量已于2004年和2005年分别超过美国和加拿大，居世界第一。截至2013年年底，我国水电总装机容量达到2.8亿千瓦，但水电开发利用率仍较低，水电设施安全高效协同运行问题仍有待解决。

3. 拥有较完整的核工业体系，第三、第四代核电技术的研发和设计能力明显提升

我国坚持“安全稳步规模发展核电“的战略，初步具备了设计大型核电站的能力，目前已建成的核电站几乎均为第二代核电站。核电重大科技专项的实施，为核电后续发展奠定良好基础，AP1000技术的引进消化吸收再创新，带动了我国三代压水堆核电自主设计和建造能力的整体提升，高温气冷堆示范工程已开工建设，提高了我国在第四代核电技术领域的研发与设计能力，初步掌握了一批世界首堆首台套核电高端设备制造技术。但核燃料自主设计和高端制造能力等关键环节仍有较大差距。

4. 三大主要非水可再生能源正处在产业化前期阶段，一系列关键技术有待突破

家用太阳能热利用市场相对成熟，太阳能热发电系统研发已经起步。光伏应用仍然以独立系统为主，并网光伏发电比例很小，晶体硅光伏电池生产的关键设备均依赖进口。风电场建设和产业化发展很快，我国已成为全球第四大风电市场，兆瓦级风电机组生产基本实现国产化，但仍未掌握风机整机研发和设计的核心技术，主流风机和欧美先进风机还存在10年左右代差，风机大规模并网尚存在问题。燃料成型、生物质直燃发电、沼气热电联供、气化发电等一系列生物质燃料利用技术日趋成熟，先进的能源植物研究、纤维素制液体燃料研究与国外保持同步，但第二代生物燃料开发利用水平落后于国际先进水平。

5. 电力系统较成熟但其安全和稳定性有待提高，智能电网建设开始起步

电力系统已基本形成了电能生产、传输、储存、分配和使用的电力技术体系，但电网网络损耗很大，电力系统的安全和稳定性有待进一步提高。我国智能电网建设处于广泛试点建设和应用阶段，智能调度、智能变电、智能配电、智能用电和智能微网等领域已经建成了一批示范工程，以天津生态城为代表的综合性智能电网示范工程业已经建成或正在建设中。

6. 开展了一系列新能源技术研究，部分新型能源的研发与国际同步

我国氢能、海洋能技术研发达到国际先进水平，天然气水合物的基础与应用研究已经展开，成为继美国、日本、印度之后第四个通过国家级研发计划采集到天然气水合物实物样品的国家。核聚变研究步入世界先进水平，参加了国际热核聚变反应堆计划，新一代超导托卡马克在中国建成并投入运营，但一系列关键技术和问题仍有待突破。

页岩气方面，我国目前尚处于起步阶段，已初步完成全国页岩气资源评价与选区。“水平井分段压裂”等关键技术正在快速突破，将引发页岩气产业快速发展。太阳能和风能产业装备制造规模世界第一，但也陷入产能过剩的困境，而且面临美欧国家贸易保护政策打压、国内市场发展缓慢和高端技术储备不足等发展压力。生物质能规模化应用有赖资源拓展、核心技术重大突破和产业模式转变。

二、资源开发与清洁、循环利用技术近年发展较快但整体水平不高，深部资源开发利用技术差距大

1. 成矿理论研究与矿产勘查技术方法发展较快，深部矿产勘查水平存在较大差距

近几年来，我国成矿理论研究有较大突破，已形成了较为齐全的勘查技术方法，但深部矿产勘查水平与世界先进水平存在较大差距，一些矿业大国矿床勘探开采深度已达 2500—4000 米，而我国已有矿床的勘探开采深度大都只在 500 米以内。大宗消费非能源矿产品对外依存度过高。

2. 重点大中型非煤矿山达到发达国家水平，整体现代化程度和环保水平仍很落后

我国露天开采和地下开采技术都取得长足进展，某些关键工艺技术达到世界先进水平。但部分中小型矿山的装备水平还处在矿业发达国家 20 世纪 70 年代末、80 年代初的状态，甚至更为落后。矿业企业的资源保障程度低，生态环境破坏严重，治理差。

3. 低品位资源利用在国际上具有一定地位，矿产资源综合利用水平发展不平衡

我国低品位矿石利用起步早，一些利用技术水平在国际上有影响力。共伴生资源综合利用水平不均衡，一些领域和国外比有较大差距。矿产资源总回收率和共伴生矿资源综合利用率平均仅为约 30% 和 35%，比国际先进水平低 20%，尾矿利用率不到 10%。金属废弃物利用率仅为世界平均水平的 1/3—1/2。非金属循环利用近年来发展很快，但大量再生利用企业工艺技术、装备落后，对环境影响大。

4. 水资源开发利用效率低，流域综合管理理念和手段推广滞后，水污染源头控制手段薄弱，社会节水防污体系远未形成

我国的水资源研究发展迅速，但水资源开发利用程度和技术水平与国际先进水平相比仍有较大差距。水资源数量、地区分布和特性的分析有待深化，水资源承载能力研究不足；水资源利用率较低，地区发展不平衡，缺水与浪费并存；各类水资源互补和调配利用研究深度不够，流域间水资源调配能力较低；水资源统一管理相对落后，节水防污型社会建设还处在试点阶段，社会节水体系远未形成；控源截污、污水处理、水体净化、水体功能修复等方面取得了一系列研究成果，但水污染尚未得到有效控制，水环境恶化趋势未得到有效遏制。污染治理、微咸水和海水利用技术水平和应用规模与先进国家相比，都存在着较大差距。

5. 防洪抗旱体系存在较多薄弱环节，信息化水平低，安全保障和应急能力不足

我国已建立了大规模的防洪工程体系和灌溉与城乡供水体系，但防洪抗旱体系中仍存在很多薄弱环节。流域规划中的一些骨干防洪工程至今尚未完成或尚不配套；已建工程隐患较多，洪水监测、预报、预警、调控系统设施落后，可靠性与时效性差，难以满足防汛抗洪应急反应的需求；城市防洪、蓄滞洪区与滩区安全建设滞后，特大洪水和超标准洪水应急预案可操作性有待加强；城市供水安全保障与水质型缺水问题日益突出，一些城市长期超采地下水，从而带来地面沉陷、内涝难排等一系列新问题；水利信息化建设投资渠道不畅，大量信息散乱缺失，不能及时更新和有效共享。

三、环境监测及污染治理技术取得一定进展，清洁生产、循环经济与环保产业初步发展，但环保体系不健全，生态保育尚未充分见效

1. 环境保护发展战略正在开始从末端治理向全过程污染控制的战略转变，但技术支撑能力仍处在初级阶段

我国清洁生产与循环经济初步开始实施，重污染行业清洁生产与节能减排关键共性技术创新进入国家科技规划，支持了多层面循环经济试点实施，开始建立企业－园区－社会的多尺度循环经济模式，在重点行业、园区、重点领域与节能减排和资源再生产方面取得一定的实效，但总体技术支撑仍处在初级阶段，源头减排清洁生产技术创新能力明显不足。

2. 常规环境控制、治理技术和设备已国产化，但环保、生态、碳汇方面的核心技术与国际先进水平仍有差距，缺乏整体性、区域性的技术解决方案

我国传统环境保护技术正在向多领域、多学科、多行业交叉综合发展，逐渐形成具有一定竞争力的环境污染治理技术与设备，其中，布袋除尘、电除尘、污水常规处理等工艺技术水平已达到或接近国际先进水平并基本实现了产业化应用，重化工、轻工纺织等制造业污染源控制与过程/末端治理一体化集成技术方面取得一定突破，但核心环保技术与国际先进水平仍有很大差距，氮氧化物/VOCs（有机废气）/重金属废气、机动车尾气净化、特殊污染物处理、工业废水深度处理与回用、污泥处理和利用、土壤污染修复、危险废物和医疗废物处理等方面起步较晚，关键技术及设备水平仍较低，尤其缺乏整体性、区域性的技术解决方案。

3. 气候与环境监测技术水平有较大提高，但应对全球环境变化和履行国际环境公约的科技能力尚显不足

我国已初步建立了海洋天气、气候系统有关领域的观测、业务和科研体系，气象观测系统较为完备，发展了中国自己的全球和区域数值预报模式系统并投入业务试验，所发展的气候变化预测模式已成为国际上 IPCC（政府间气候变化专门委员会）的气候模式之一，并已建立了较为完善的多级气候灾害预

警、防御和服务系统。但气象监测设备等高技术设备还大量依靠进口，环境监测预警与应急能力、应对全球环境变化和履行国际环境公约的科技能力尚显不足。

四、部分信息技术达国际先进水平，但产业链技术断点较多，芯片、关键元器件、高端仪器仪表、基础软件等核心技术受制于人

1. 高性能计算机、移动通信、数字电视与新型显示等领域迈上新台阶

我国“天河一号”高性能计算机运算速度已排名世界前列，在数字程控交换、光通信、液晶显示等方面的技术取得较大进展，我国主导的TD-LTE成为第四代移动通信国际标准之一，TD-LTE网络已投入商业化运营。

2. 初步建成以IPv6为代表的下一代信息网络试验平台，但未来网络架构和关键技术研究几乎处于空白

我国较早开展了下一代互联网基础理论研究和技术创新，搭建了以IPv6为核心的互联网实验平台，取得了一定的应用成果，建成了全球最大的下一代互联网示范网络，但在未来网络体系结构和核心技术的研究方面仍远远落后于发达国家。

3. 物联网的发展受到高度重视，网络层技术相对成熟，但感知层和应用层相关领域创新能力不强

我国物联网网络层关键技术研发与国外基本同步，但传感器等核心技术自主创新能力不足，超高频段射频识别（RFID）技术与国外相比还有较大差距，高性能关键传感器、生化传感器及其系统对进口的依赖尤为严重。云计算领域研究和发展比较滞后，面向服务架构（SOA）领域与发达国家差距较大，技术实施力量薄弱。

4. 认知计算、神经工程、量子计算等基础研究尚处于起步阶段

我国神经科学、心理学、认知科学等脑科学研究基础与国外相比存在较大差距，总体落后于国外发达国家，亟待生物、医学、信息等多学科的深度交叉和融合。量子计算领域的研究取得较大进步，但仍未能在量子计算机等核心技术上取得突破。

5. 芯片制造及电子元器件材料等十分薄弱，高端仪器仪表与国外差距明显

我国集成电路（IC）产业在政策推动下和重大专项支持下取得了重大进展，但在高端集成电路方面尚缺乏关键自主核心技术，面临境外知识产权的挑战，与国际先进制造技术还有两代差距。仪器仪表在微型化、集成化、智能化、总线化等技术方向得到了快速发展，但与国外差距仍然较大，仪器仪表科技创新及产业化低水平重复异常突出，产品稳定性和可靠性长期得不到解决。

6. 基础软件研发已经引起重视，但缺少核心技术，信息服务业水平相对较低

我国软件产业在全球软件产业链中基本处于中下游环节，缺乏核心技术。基础软件产业对外依存度较高，操作系统、大型数据库等系统性软件均依赖国外。云计算服务和软件服务与国外差距较大，必需大力提升产业服务水平，才能适应未来信息服务业大规模发展的要求。

五、工业装备保障能力明显提升，但产业共性和基础技术薄弱，新材料体系不完善，核心基础元器件、重大关键装备总体水平低，流程工业能耗高

1. 装备制造体系门类齐全，部分领域达到世界先进水平

2010 年我国装备制造业销售收入达到 20 万亿元，经济总量已居世界第一。装备自主创新能力和国际竞争力大幅度提升，以发电设备、特高压输变电、冶金设备、港口机械、轨道交通等为代表的一批重大技术装备的国际竞争力显著提高。装备制造工程科技取得快速发展，以数字化智能化设计与制造技术、现代复杂机电产品创新设计及系统集成技术、大型复杂机电系统安全性与可靠性技术、新型工程材料应用技术、中大型铸锻焊件制造技术、精确成形制造及超精密加工制造技术、自动化仪表及自动检测与控制技术等为代表的工程技术取得显著提升，支撑了装备制造业的发展。但行业发展不平衡，基础件、医疗设备等发展缓慢，有的甚至出现萎缩状况。国家发改委在 2012 年起组织实施了“智能制造装备”发展专项，着重提高以传感器、智能仪器仪表、自动控制系统、工业机器人、精密传动装置、伺服控制机构为代表的体现感知、决策（控制）、执行三大功能的基础零部件自主创新能力和产业化能力，促进重大智能

制造成套装备与关键智能测控部件的协同发展。

2. 装备制造整体科技实力和技术基础仍然薄弱，基础零部件、核心元器件、基础性关键装备、重大成套装备水平低，核心技术受制于人

我国高端装备制造业销售收入仅占装备销售收入8%左右。高端装备领域拥有自主知识产权和自主品牌的技术和产品少，在许多高端装备领域未能掌握核心关键技术，对外依存度高。据联合国国际贸易数据库统计，2011年我国装备制造业进口总额高达7302.7亿美元，其中绝大多数是高端装备与核心关键基础件。

关键零部件发展滞后，高端主机和成套设备所需的关键零部件、元器件和配套设备仍需大量进口。海洋工程装备的大多数配套设备依赖进口。航空工业所需机载设备、原材料和配套件的配套能力差。为高档数控机床配套的高档功能部件70%需要进口。核电机组设备投资的1/4泵阀主要依赖进口。

共性技术研究缺位，我国企业独立进行产业共性技术研发能力薄弱，致使我国产业共性技术水平不高，尚不能满足重大产业技术发展需要，特别是多学科交叉共性技术缺乏研究的支撑体系。基础制造工艺研究薄弱，基础工艺落后，导致装备制造业的材料和能源消耗大，产品质量得不到稳定的保障。

3. 国产汽车产品综合技术水平有较大提高，新能源汽车具备一定基础，而跨机械、电子等多学科、多领域集成创新能力缺乏，制约高品质车型的研制

国产汽车产品的综合技术水平有较大提高。国内自主品牌乘用车与商用车的动力性、燃油经济性、排放性能、操纵稳定性、振动噪声、安全等性能达到或接近国际20世纪90年代水平。目前正在大力发展新能源汽车，新能源汽车动力电池、驱动电机及控制器等关键技术形成一定基础，产业链初步形成。

但国内主要整车制造厂家普遍缺乏跨机械、电子等多学科多领域的重大科技攻关、集成创新能力，缺乏先进电控系统的关键总成及零部件的研发、集成和匹配能力。多数汽车厂家采取合资形式引进国外先进整车、总成及关键零部件的设计与制造技术，生产欧美汽车强国现有或前几代车型，而自主开发的汽车产品多为中低端产品。

4. 民用客机研制水平差距明显，船舶和海洋工程自主配套技术正在打破国外垄断，海洋工程装备高端技术领域急需填补空白

我国已形成了基本完备的航空工业体系，发展了MA60及后续机等新型涡桨飞机、ARJ21新型涡扇支线飞机以及正在研制的C919干线飞机，使中国民机产品谱系化向高端发展。直升机产业已基本具备了研制生产以复合材料桨叶、球柔性构型旋翼系统为主要特征的现代先进直升机的能力。但民用飞机工业技术水平依然差距明显，在大型民用飞机、涡桨支线飞机、先进民用直升机和通用飞机等方面，与国外先进水平相比仍存在较大的差距。

我国已位居世界造船大国前列，形成了一支科研设施完整配套、科技实力较强的船舶工程研究与设计力量，建立了相对完整的工程科技体系，但自主创新能力仍比较薄弱，高技术、高附加值船舶的设计尚未摆脱依赖国外的局面，本土化配套设备平均装船率仅为30%—50%，绿色船舶技术尚刚刚起步，缺乏系统研究。

海洋工程装备研发制造方面取得了一系列重要科技突破，初步具备了部分海洋工程装备的自主设计建造能力，但深水化海洋工程高端装备的核心技术急需突破，占海洋工程装备投资4/5的海洋工程装备配套发展严重滞后，主要配套基本依靠进口。

5. 新材料研发能力不断提高，但新材料工程科技总体水平与发达国家仍有较大差距，高性能、高附加值产品少，部分关键或战略性高端产品受制于人

我国的非线性光学晶体研制及其应用位于国际先进行列；成功研制出满足0.13—0.10微米线宽集成电路需求的12英寸硅单晶抛光片和外延片；稀土永磁材料、荧光材料与功能陶瓷材料已建立较完整的生产体系；太阳能电池用多晶硅材料已形成批量生产能力，镍氢电池和锂离子电池材料已具备良好基础和发展能力；部分生物医用材料的研究接近国际先进水平；新型传感材料在重大工程得到应用；高强高韧轻质合金的研制生产能力取得很大进展，T800级碳纤维材料已突破关键技术。部分关键技术取得重大突破。我国自主开发的钽铌铍合金、非晶合金、高磁感取向硅钢、二苯基甲烷二异氰酸酯（MDI）、超硬材料、间位芳纶和超导材料等生产技术已达到或接近国际水平。新材料品种不断增加，高端金属结构材料、新型无机非金属材料和高性能复合材料保障能力明显增强，先进高分子材料和特种金属功能材料自给水平逐步提高。与此同时，钢铁、有色金属、水泥、玻璃等传统基础材料产量虽居世界首列，但都面临提高品质、降低成本和升级换代等问题。总体上看，我国许多重要新材料的技术经济指标得到大幅提升，但大多以初级或低附加值产品为主，部分关键新材料仍受制于人。

6. 化工、冶金和建材等流程工业快速发展，能耗物耗呈下降趋势，但高能耗、高污染、资源依赖性问题依然制约流程工业的发展

石化装置大型化不断进步，单系列装置生产能力有了显著提升，高附加值产品比重不断增加。重点钢铁企业主流程工艺具有世界先进水平，生产装备达到世界领先水平，中低端大宗钢材产品具有国际竞争力。化工、冶金和建材工业主要产品单位能耗呈下降趋势，但各企业节能减排差距很大，且随着总量快速增长，各行业的总能耗和 CO_2 排放总量仍在增长，有色金属冶炼的重金属排放严重。同时，我国石油和铁、铝和铜矿资源的对外依存度不断提高，目前都超过了 55%，2012 年原油对外依存度达 57.8%，铁矿石对外依存度达 58.7%，2011 年铜、铝、铅的对外依存度分别为 65%、55% 和 30%。

六、工程科技发展推进了农业现代化，但农业基础设施薄弱，现代育种、防疫检疫体系不健全，面源污染严重，农产品质量和数量安全问题突出

1. 农业育种整体水平处于发达国家 20 世纪末水平，尚未建立系统的现代育种工程科技体系

植物常规育种和目标育种大部分领域与国外在同一起跑线上，在高产、优质、抗逆、专用农作物新品种选育方面，与国际先进水平还有一定差距，尚未建立现代育种工程科技体系。动物育种方面已成功培育了一批优异的畜禽、水产新品种（配套系），但畜禽、水产品种选育整体上仍基本采用常规育种方法及利用杂交优势，主要畜禽品种的种质特性缺少基因图谱、位点和遗传标记方

面的深层次研究，规模化养殖品种均受控于外国。分子育种研究与国际先进水平差距不大。动植物育种整体水平处于发达国家 20 世纪 90 年代水平。近年国务院相继出台了《关于加快培育和发展战略性新兴产业的意见》和《关于加快推进现代农作物种业发展的意见》等指导性意见，将生物育种业提升到战略高度，我国生物育种业将迎来重大的战略机遇期。

2. 重要动植物疫害防治工程技术进展显著，但防疫检疫体系不健全

我国从农田（畜禽场）生态系统的整体观念出发，开发了一批重大动植物疫情的监测和诊断技术，研制开发了一大批动植物疫苗，部分重要疫情的发生和流行规律、部分重要疫病（虫）的抗药性研究、生物源农/兽药的研制等都取得了重要进展。但在动植物疫病的监测、诊断、预防和扑灭等各个环节，都存在体系不健全、技术水平低、设施简陋、技术手段落后等问题，特别是与国际接轨的防疫检疫体系尚未建立。

3. 农产品安全的生产技术与产业化总体水平落后于发达国家，肥料、农药等以常规化学品种开发居多，面源污染严重

绿色农产品的安全性评价标准与生产、市场需求严重脱节，环境条件控制、生产过程控制、产后加工和处理技术与控制方法落后，主要肥料、农药、生长调节物质和饲料添加剂不符合绿色生产标准的要求，农业面源污染及水产养殖面临的水体富营养化严重，农药残留快速检测技术缺乏，养殖健康管理亟待认识和普及。农产品深加工技术取得了一些重大突破，但大部分农产品加工仍然属于初级加工，精深加工少，农产品加工设备大多从国外引进，加工水平低，存在低水平重复、标准化水平低、质量差等问题，导致农产品储藏和加工不善，农产品损失严重。

4. 主要作物生产机械化技术趋向成熟，但重要的农机产品和工艺技术仍依靠引进

农业装备综合技术水平落后于世界先进水平，在一些技术含量较高的新型行业，这种差距还在不断加大。

5. 设施农业规模和装备工程快速发展，但科技含量低

温室面积居世界第一，设施养殖开始探索推广适合我国国情的舍饲散养、清洁生产和健康养殖技术体系，但设施种植与集约化养殖存在科技含量和劳动生产率低、抗逆境能力差、设施装备系统不配套、机械化自动化程度低、技术服务体系不健全等问题，高端设备和技术多从国外引进。

6. 农业生物质资源利用技术和装备以沼气利用为主，其他生物质资源技术差距大

沼气规模和技术水平均处于国际先进水平，但沼气之外的农业生物资源收集、运输、储存机械化程度低，加工技术水平与国外差距较大，制约着生物质资源的大范围、大规模收集利用。

七、医药卫生技术与应用取得长足进步，但慢病及伤害防控、出生缺陷控制、新药创制、医疗卫生信息化水平等亟待提高

1. 疾病基因组学研究进入了国际先进行列，成为该领域有影响的国家

20 世纪 90 年代以来，我国在医学基因组学、蛋白质组学、小分子 RNA 以及代谢组学研究方面进展显著。疫苗与抗体研发方面具备一定的实力，研发技术平台比较成熟，初步形成了“疾病基因组学”的理论体系，在肿瘤、高血压、糖尿病和精神病等多基因复杂性状疾病的研究方面建立了现代研究新体系，在单基因遗传病研究方面建立了较为成熟的致病基因研究体系，为复杂性状疾病的防治提供了新的方法。

2. 干细胞研究受到广泛关注，在干细胞建系、胚胎干细胞分化、成体干细胞研究、再生医学应用等方面取得了多项突破和原创性成果

我国干细胞研究与国外相比起步稍晚，但近年来取得了一系列重大突破性和原创性成果。例如，从胰腺、骨髓等多种人胚胎组织中分离出具有多系分化潜能的原始干细胞；解决了一系列干细胞体外获得、临床移植等关键技术问题；制定了我国第一个干细胞新药质量控制标准，建立了若干重要的技术平台；在国际上首先提出亚全能干细胞新学说；建立了灵长类体细胞重编程技术；基本解决了组织构建中种子细胞来源不足的瓶颈性问题；证实了应用组织工程技术能够从结构与功能等方面进行组织缺损的修复，为组织工程临床应用奠定了基础。

3. 长期以来采用低投入“仿制”新药的研发模式，严重制约了我国创新药物的研发，重大新药创制重大专项的启动将有利于改变这一状况

我国具有自主知识产权的新型药物少，在生物制药方面，有97%是仿制药，工艺放大、大规模培养、过程质量控制等关键技术环节，仍然是限制我国生物制药行业发展的瓶颈。对此，2009 年 5 月我国启动了“重大新药创制”科技重大专项，“十二五”期间设置了创新药物研究开发、药物大品种技术改造、创新药物研究开发技术平台建设、企业创新药物孵化基地建设和新药研究开发关键技术研究 5 个项目，探索建立支撑我国药业发展的新药创制技术体系。

4. 医疗仪器仪表研制严重落后，高精尖仪器仪表仍基本依赖进口

近年来我国医疗仪器仪表研制水平发展很快，已有一些国产的高精尖产品，如磁共振（MRI）、CT、数字 B 超、中低能直线加速器、旋转式伽玛刀、数字剪影成像系统、激光手术器、纤维光纤内窥镜等。但总体上，我国医疗仪器仪表质量、数量、水平与发达国家相比差距很大，医疗器械工业销售额占世界医疗器械销售额的2%，国内市场自主率只有50%—60%，高档医疗器械市场基本被外国或跨国公司垄断，植入式器材相当落后。

5. 生物芯片技术发展迅速，达到国际先进水平

我国是世界上最早批准生物芯片进入临床的国家，比美国早了近 3 年。经过数年的发展，我国生物芯片产业已经从技术研究、产品开发阶段走向了技术应用和产品销售阶段，一些技术和产品已经达到了国际领先水平，在表达谱芯片、重大疾病诊断芯片和生物芯片相关设备的研制上取得了较大的突破。

6. 慢病与伤害防控技术亟需提高，新生儿出生缺陷控制总体水平不高

我国慢病和伤害的威胁十分严重，在城乡居民死亡原因中，慢病约占80%，在年总劳动力丧失中，慢病约占70%，每年因为创伤受伤人数约数百万，死亡几十万。我国慢病与伤害救治在生物医学应用方面取得了很大成绩，但在复杂性疾病机理研究、诊断方法和治疗技术等方面，尚无根本性突破，且慢病防治缺乏国家规划，难以实现技术方法研发的系统化。

我国是出生缺陷高发国家之一，每年有 80 万至 120 万名出生缺陷儿。

2000 年我国启动了新生儿“出生缺陷干预工程”，在出生缺陷干预技术的研究和应用方面取得了一些成绩。但我国出生缺陷控制总体水平仍然不高，发达国家能筛查诊断 1000 余种出生缺陷，并已建立了较为完善的社会保障体系，而我国目前仅能筛查诊断 100 余种，相应的社会保障体系建设则更为落后。

7. 中医药研究面临严峻挑战，亟待进一步突破

我国中医药事业科技投入加大，全国已形成了较完整的中医药教育、科研体系，已建立起覆盖城乡的中医药服务网络，中医药服务量占卫生服务总量的 30% 以上，中药产业发展成效显著，中医药应对突发公共卫生事件和防治重大疾病取得明显成效。与此同时，中医药研究传承与现代化发展力度仍有不足，许多国家政府与科研机构加大了中医药研发力度，中医药研究面临严峻的发展挑战和国际竞争。

8. 医疗信息化总体比较落后，处于起步阶段

目前国内的医疗信息化主要分为 3 个阶段：第一阶段是医院信息系统（HIS），主要以财务信息化为主，目前 70%—80% 的医院仍处于这一阶段；第二阶段是医院应用系统，国内有 20% 左右的医院正在向这一阶段转变；第三个阶段是公共卫生区域信息化，包括若干医院之间的信息共享以及中小城市或大城市区域间的共享，涉及居民健康档案、突发卫生事件等。“农村三级医疗卫生科技服务网”、农村卫生适宜技术和产品的推广示范开拓了科技惠民的新模式。但是就总体而言，由于受资金、管理模式和缺少统一标准规范的影响，我国医疗信息化建设总体上比较落后，目前还处于起步阶段。

八、高速铁路、桥梁建造等领域进入世界先进行列，但建造节能、环保、安全技术水平较低，综合交通技术亟待发展

1. 城镇化快速发展，城市与城市群规划以及节地、节能、节水技术亟待发展

我国城镇化水平超过 50%，大规模城镇化建设带来了巨大的能源、水资源消耗，并带来了更严峻的城市污染治理问题，在合理进行城市规划和城市群布局、城镇化建设与运行中的能源与资源消耗问题、城市资源与环境承载能力、城市交通、城市管理等方面的工程科技水平亟待提高。

2. 交通运输工程科技部分领域进入世界前列，但节能环保、安全可靠技术有待提高

通过高速铁路、重载铁路、高原铁路、高速公路、大型机场和港口等一批高标准工程建设，交通运输工程科技进展显著。我国桥梁设计施工技术进入世界前列，已具备建造浅海地区大型桥梁的能力；隧道工程技术已顺利实现了从穿山越岭到穿江越海的跨越，进入国际领先行列；高速铁路工程技术、高原铁路工程技术、既有线提速工程技术、重载铁路技术达到国际先进水平，公路交通信息技术广泛应用；超大规模航站楼及配套系统的建设技术、复杂条件下的机场岩土工程技术、机场柔性道面技术、空中交通管理技术等不断提升。高耐久、环保型基础设施建养技术缺乏，交通安全、节能环保技术仍亟待提升。

3. 交通网络覆盖和连通布局基本完成，但综合交通技术与管理水平十分落后

我国交通基础设施不断完善，网络覆盖和连通布局基本完成，交通运输系统的“资源性瓶颈”问题已得到明显改善，但“结构性瓶颈”问题却日益突出。虽然交通运输网络化进程加快，但各方式独立成网、缺乏统筹，枢纽效率低，多方式协同性差；物流规模急剧增长，效率低，成本高；缺少提升综合交通整体效能的重大科技创新。

九、空间技术部分领域达到世界先进水平，海洋观测与资源开发能力显著提升，但与世界强国相比仍有较大差距

1. 航天器技术整体水平明显提升，载人航天取得历史性的突破，3 次月球探测工程圆满成功，但航天技术发展仍存在众多制约因素

我国航天已形成了完整配套的研制、生产、试验和发射服务体系，建立了通信、导航、气象、资源、海洋、科学实验等应用卫星体系，研制和发射了100 多颗各类卫星、10 艘“神舟”飞船、1 个“天宫一号”空间实验室和 3 颗月球探测卫星，在人造卫星、载人航天和深空探测等三大领域取得重大突破，已成为世界上第三个完整独立掌握空间交会对接技术的国家，若干重要技术跻身世界先进行列，确立了世界航天大国的地位。然而，我国航天技术发展仍存在众多制约因素，有效载荷、关键材料、核心器件等重点领域专业技术发展速

度跟不上需求增长，一些关键元器件和特种材料仍依赖国外，与美、俄等航天强国相比，整体技术水平仍有较大的差距。

2. 空间应用体系初步形成，应用领域有待进一步拓展

我国已初步建立了应用卫星系统，正在从试验应用型向业务服务型转变。卫星应用水平不断提高，应用领域不断发展。但我国卫星数量少，规模和性能尚不能满足应用需求，同时，仍存在卫星研制与地面应用系统发展不协调、卫星应用产业化程度低等问题。

3. 构建了区域性海洋环境立体监测系统，初步建立了较为完整的海洋环境数值预报业务化系统，但海洋立体监测网络仍很不完善，深海环境观测技术落后

我国先后发射了两颗海洋卫星，建立了较为完善的海洋卫星地面应用系统，开展海洋观测；开发了一批海洋观测高技术装备，构建了区域性的海洋环境立体监测系统，推动了国家海洋观测系统的建设。在海洋环境预报技术方面，我国发展了环流－海浪耦合数值预报模式，开展了关键海洋环境要素的区域性数值预报和全球海浪数值预报，初步建立了较为完整的海洋环境数值预报业务化系统。但我国海洋立体观测网络极不完善，缺少系统的近岸观测平台，深海探测和高保真采样系统亟待优化，新观测手段尚未普及，高效自动化的采样系统缺乏，观测标准化亟待推广，缺乏全国性的数据共享和全球化的数据交换。高营养级海洋生物的卫星观测尚属空白。深海海洋环境探测技术以及海洋灾害预警预报技术等方面与先进国家相比还有较大的差距。

4. 海洋资源综合利用技术逐步产业化，但主要海洋仪器依赖进口，深海资源勘探技术装备有待发展

我国在海水养殖动物的良种化、养殖生物病害检测与健康养殖、海洋天然产物及海洋药物的研发取得了重要进展。海水淡化进入了规模化生产，吨水淡化成本已接近发达国家水平。浅水和冰区浮动式生产储存和卸油系统（FPSO）处于国际领先水平，海上数控成像测井系统（ELIS）打破了国外的技术垄断和市场封锁。我国已研制出一批深海资源勘查关键技术装备，潜水器技术得到快速发展，是继美、俄、日之后世界上第五个掌握大深度载人深潜技术的国家，在全球载人潜水器中，“蛟龙号”属于第一梯队，可下潜 7000 米以上，深海半潜式钻井平台技术取得突破性进展。但我国在深水海洋工程建造与施工技术、海洋工程地质灾害与土工破坏监测技术与实时监控系统、海洋工程新材料应用和新型长效防腐蚀材料技术、海洋生物腐蚀和污损的绿色控制及其应用技术、海洋工程设施安全评价、寿命预测和实时监测技术以及深海工程设施的新型材料和应用技术等海洋工程技术方面，还需要大幅度提高。

十、公共安全技术体系建设不断加强，但安全技术发展和应用相对滞后，自然灾害与突发事件应急体系有待完善

1. 信息安全关键技术落后，自主控制能力不强

我国的信息安全关键技术整体上比较落后，信息与网络安全的防护能力依然很弱，不少应用系统具有很高的风险性和危险性。信息安全管理和技术人才缺乏，对引进的信息技术和设备缺乏有效管理和技术改造。网络与信息系统环境的整体防护水平不高，应急处理能力不强，网络安全事件时有发生。网络犯罪在我国有快速发展和蔓延趋势。全社会的信息安全意识及应急处理能力亟须提高。

2. 生物安全科技稳步提升，但仍缺乏完整有效的安全防控技术体系

我国已初步建立起了农业转基因生物安全评价体系，生物入侵方面的研究已步入国际先进水平，形成了从外来入侵物种普查、入侵机理理论研究到入侵物种预防与控制技术三大层面的研究体系。但人畜共患病方面技术储备薄弱，缺乏连续、系统的流行病学监测与研究体系，高等级生物安全实验室匮乏，应对新发传染病的能力较弱。药品安全研究与国际先进水平差距较大。

3. 食品安全检控技术较弱，整体防范体系亟待健全

我国食品安全风险评估技术有所提高，风险监测与预警技术已具雏形，检测与危害识别技术基本与国际接轨，已建成了覆盖全国的国家食品安全风险监测技术网络，突破了一系列具有国际先进水平的农兽药残留和污染检测技术，开发了一批具自主知识产权的快速检测试剂和装备。应对食品安全突发事件的能力日益增强，创建了食品安全控制模式，但尚需标准化。饮用水安全保障技术系统初步形成，但水质预警和从“水源地”到“水龙头”的技术集成不够。

4. 生产与建筑安全问题日益突出，科技投入不足

我国生产与建筑安全体系已初步建立，但实践中的问题日益突出，虽然煤炭深部开采安全保障技术取得重大突破，煤矿瓦斯事故逐年减少，但整体科技投入不足，专业人才缺乏，专业教育培训能力较低，安全管理理论，技术、工艺与装备落后，安全标准滞后，与国际标准接轨程度低，安全生产应急救援保障体系不完善，难以适应安全生产形势的需要。

5. 灾害频繁已成为国民经济发展的长期制约因素，高效防灾减灾能力体系亟待建立

我国对各类自然灾害的观测和预测预报能力不断增强，地震参数速报实现自动化，台风路径预报达世界领先水平，有效提高了重大自然灾害应对能力，但整体水平仍亟须持续提高，如：现在不能对大多数地震、海啸进行准确的预测预报，需要加强综合观测手段和分析判断能力。数字建模技术有一定的发展，但还不能满足防灾减灾的需求。尚未建立系统有效、先进的防灾减灾能力体系。

6. 应对社会安全危机的方法和技术有待进一步加强

我国在社会安全科技方面已投入了大量的人力、物力和财力，政府部门和大型企业、国家重大突发事件应对和国家重大突发事件应对和国家重大活动安全保障中已广泛应用了我国自主研发的公共安全核心技术和装备，为预防和减少刑事事件、突发事故和事件发生提供了保障。但尚未建立社会安全危机的早期预警系统，在早期预测与预警方法、预警智能决策与咨询系统、危机预防与处置理论方法和技术等研究方面基本属于空白，社会安全事件预测方法多数沿用国外成果，亟需理论和方法创新，缺少风险评估理论、方法与技术的研究，评估能力落后。

第三节 我国工程科技发展的主要制约因素

我国工程科技发展在研究能力、科技基础、设计能力、体制环境、竞争环境和人才环境等方面还存在一些共性制约因素，主要包括以下方面。

一、富有战略远见的创新能力和跨学科、跨领域集成创新能力薄弱

我国产学研用各环节存在相互脱节现象，工程科技创新源头与应用需求的衔接亟待强化。工程科技各领域普遍存在重实验室研究、轻产品开发和产业化应用研究，重单元技术研发、轻技术集成与工程优化等问题，创新链条不完善，基础和应用研究向产业化转化动力不足，科技中介服务体系不健全，科技成果市场认知率低，成果转化能力远远跟不上产业发展的步伐。例如，我国环境科技支持方向与国家环境保护的内在需求结合不紧密，很多环境科技成果难以转化为应用效益；农业节水技术在推广和普及方面存在政策和资金方面的难度；农业科技成果转化体系极为不健全，缺乏面向农村基层和农民的合理转化体系，基层技术人员严重缺位，严重制约了我国农业科技成果的产业化进程，目前我国每年的农业科技成果大约为 6000 项，但转化率只有 1/3 左右，而先进国家农业科技成果转化率则达到 2/3 以上。

工程科技发展的共享和集成创新机制不完善，一些重大工程科技工作缺乏跨部门的组织协调。例如，交通运输方面尚无国家层面的统一规划与管理组织体系，现有交通运输管理体制严重制约综合交通的发展；汽车行业关键共性技术无法在企业之间实现共享，重复投资和建设的项目太多；重大装备国产化需要钢铁企业和装备制造企业合作，但我国的体制是钢铁企业、设计（研究）和装备制造三方分离，政府机构改革后过分强调重大装备国产化属于企业行为，对重大装备国产化自主创新组织协调力度不足，而单一企业不愿也难以承担重大装备国产化的风险。

研发经费投资渠道和机制不健全，投入分布不尽合理。科技主管部门与产业部门间缺少沟通协调，科研项目存在投入过于分散和重复等问题。例如，医药卫生领域科研低水平重复现象严重，缺乏攻克重大战略目标的能力。科技投入缺乏多元化渠道，风险资本投入表现得尤为滞后。例如，干细胞研究的资金主要来自政府，缺乏风险投资支持。

二、公益性、创造性以及共性技术研发与支撑能力严重不足，科研基础设施不健全

产业共性关键技术是提高自主创新能力，特别是原始创新能力的基础，共

性技术创新体系缺位是难以靠市场、靠企业弥补的，发达国家政府通过整合科研资源和力量，不遗余力地推动产业共性技术创新能力的提升。例如，美国能源部先后建设完善了17个国家实验室，日本通过优化整合成立了产业技术综合研究所（AIST），我国台湾早在20世纪70年代就建立了工业技术研究院。一些特别重大的共性关键技术研发和技术平台建设，甚至由多个国家联合完成，例如，ITER计划、伽利略计划等，这些研究机构在提升产业整体技术水平方面发挥了巨大作用。目前我国大多数行业没有专门的产业共性技术研发机构，共性技术研发处于缺位状态，共性和前沿技术研发缺乏良好的资源配置机制和持续有效投入，因而无法在技术源头上支撑自主创新。产业共性关键技术研发严重缺位已成为制约我国产业结构调整和升级、提升国家产业竞争力的主要因素。

与此同时，一些公益性、创造性领域的研发缺位严重。例如，农业科研是以社会效益为主的公益性事业，但我国改革定位中简单地将农业科研机构转制为企业的做法，过分地强调了农业科研机构的市场化与经济效益，忽视了农业科研的公益性和为农民提供技术服务的间接经济效益和社会效益。

此外，我国基础研究和科技基础条件水平较低，大型关键科研设施设备、仪器短缺，资源配置不合理，综合利用率低，共享机制及管理制度体系不健全，科技文献不全，数据标准体系系统性、科学性不足，科技资源缺乏共享。多数领域普遍存在关键技术自给率低、发明专利少、关键元器件和核心部件受制于人、技术储备少等问题，这在很大程度上成为工程科技中短期内实现跨越式发展的重要约束。

三、设计理念与设计水平低，企业的创新设计能力薄弱，严重制约产业创新发展

设计是将需求和技术有机结合的重要环节，设计能力是工程开发、产品生产企业的核心竞争能力，工业设计水平的高低是衡量一个国家、地区是否发达的标志。我国工业设计无论从理念上，还是在发展的广度、深度上，都与发达国家存在着较大差距。我国企业设计创新动力不足，缺乏精通产品设计的专业

工业设计师，大多数企业仍在“引进—加工生产—再引进—再加工生产”的怪圈里挣扎，企业放弃了设计的主动权，使得“中国制造”产品中缺乏“中国创造”元素，往往只能依靠廉价销售与低层次竞争手段寻找出路。工业设计水平低已严重影响了我国企业的国际竞争力，制约了企业创新能力的提高。

四、长期形成的经济增长方式和部门监管方式，在一定程度上制约了工程科技创新，并使其与市场需求缺乏有效衔接

作为科技创新的重要外部环境，国家及地方政府经济发展模式、政策导向及相关执行、监管能力，对工程科技创新及其产业化有着重要影响，国家经济政策和科技政策之间缺乏有效的衔接。长期以来，我国形成了片面追求经济增长速度的粗放式经济增长方式，从政府到企业均重视能够在短期内带来规模效应的发展方式，而对面向长远的科技创新能力支持力度严重不足。要促进节能减排、环境保护和绿色经济等领域的科技创新和全面发展，需要有国家重大决策的支持，从国家层面重点加强产业发展的环境评价，保证从源头控制高能耗、高污染、资源消耗型企业的发展和生存。总体上看，资源能源、环境、民生、公益等相关领域缺乏科学的绩效评价体系、合理的政策导向以及有效的执行能力，成为工程科技发展战略转变的约束条件之一。

五、全球竞争、高技术垄断态势下我国自主创新能力的提升空间受到一定的挤压

高新技术领域日益呈现技术垄断的趋势，一些领域面临激烈的国际竞争，国外厂商以其技术与产品的先发优势抢占我国市场，挤压了我国相关领域工程科技创新和自主知识产权产品发展的空间。例如，仪器仪表行业贸易逆差严重，企业进口大量高端监测与测试仪器、分析仪器、自动化仪器仪表等，具有自主知识产权的产品研发缺乏发展时间和市场空间。又如，20 世纪 90 年代以来，跨国种业公司迅速发展，孟山都、杜邦等五大跨国公司利用其基因专利和品种，控制着国际种业市场 70% 的份额，我国涉农企业自主创新能力薄弱，缺乏高端产品，无法与跨国公司竞争。目前，在缺乏投入支持和市场反馈的情况下，由于国外产品的先入优势和路径依赖，在一些关键领域如果我们不能够采取有效措施实现超越式发展和竞争突破，则有可能长期受制于人。

六、工程科技人才教育培训体系不完善，缺乏崇尚工程科技创新的文化

我国工程科技人才培养力度不足，企业工程师和工程科技人员没有受到应有的重视，创新型工程科技人才培养渠道严重缺乏。我国基础教育缺乏对工程科技与创新的兴趣培养，“科学教育”只重知识的传授，缺乏从小培养动手和解决问题的能力，导致与高等工程教育无法衔接。高等教育不注重培养国家建设需要的工程师和工程科技人员，工程教育定位不明确，培养工程师的目标不清晰，培养人才的层次、结构和类型与产业、经济发展的实际需要脱节。工科专业设置和课程体系落后，学科交叉不力、缺乏特色，工程理念、创新设计和实践教育环节薄弱，工科教师队伍的非工化趋向严重，评价体系错位，重论文、轻实效。工程职业教育和培训未能得到应有的重视，教育培训本身与产业的需求结合不紧密，体制不顺，机制不活，投入不足，造成高级技工严重缺乏。这些情况导致企业缺乏创新人才，难以发挥创新主体的作用。

第四节　中国经济社会发展对工程科技的需求

2011—2030 年间，是中国经济社会发展的又一重大机遇时期，是我国转变经济发展方式，促进工业化深入发展和产业结构升级，实施大规模城镇化建设，迈向信息社会，形成可持续发展能力的关键期。

在这一时期，中国将面临人口红利消退、资源能源约束日益突出、环境生态承受能力接近极限等难题，在资本产出效益持续下降、传统产业低成本优势逐渐消失的同时，高新技术领域面临发达国家巨大竞争压力，现有以引进模仿为主的技术供给模式的发展空间日趋狭小，要保持经济的不断发展并提升产业国际竞争力，必须转向以自主创新为主的技术供给模式。与此同时，随着全球性问题的日益严峻，世界范围内生产方式、生活方式以及经济社会发展格局正在发生深刻变革，培育新的经济增长点、抢占国际科技制高点，已经成为世界发展大趋势。

总之，我国正处于从工业化中期向工业化高级阶段发展的转变期，本质上要求经济增长方式从以投资驱动为主向以技术驱动为主转变。依靠科技进步，应对资源能源环境制约和全球性问题、培育新的国家竞争优势，在未来发展进程中，突破经济增长停滞、就业困难、贫富分化、城镇化弊病、公共服务短缺等中等收入陷阱，实现平稳较快、高质量的发展，成为我国未来20年面临的最大挑战。

基于对2030年经济社会发展情景以及我国工程科技发展现状的分析，我国经济社会发展对工程科技的总体需求为：推进农业现代化、促进工业化和产业升级，提升信息化水平，支撑城镇化，应对老龄化，推动绿色化，确保可持续，提高民生质量，保障公共安全，为我国转变经济发展方式，实现人与自然、人与社会和谐发展提供强有力的科技支撑。

对应于我国经济社会发展的要求，工程科技创新的主要任务包括缓解瓶颈制约，增强发展能力，提升民生质量三大方面。通过工程科技突破和全面应用，使得我国人口压力下的经济社会发展与能源、资源环境之间的矛盾得到缓解，保障可持续发展；以科学发展与民生和谐为宗旨，加速战略性新兴产业培育和发展，突破产业的基础与共性技术、核心关键技术，全面强化民生保障工程科技能力，支撑有质量的发展和包容性增长，保障生产发展、生活富裕、生态良好。由此，从现在到2030年，我国经济发展方式转变和可持续发展对工程科技的需求可以概括为1个主题、3个方面，共18类需求。如图1所示。

一、主题——科学谋划支撑经济发展方式转变的有效途径

一国的经济发展方式受到生产力发展阶段、经济结构与现有发展模式、科技水平、资源禀赋、发展理念、体制机制和外部环境等因素的影响。转变经济发展方式，要从粗放式增长方式向集约型增长方式转变，从资源消耗型向资源节约型和环境友好型转变，从技术引进型向技术创新型转变，从外需拉动型向内需主导型转变，从投资拉动型向消费拉动型转变，从倾斜型向均衡型转变，从效率优先的分配模式向效率与公平兼顾的分配方式转变。转变经济发展方式存在众多困难，除体制、机制、观念之外，经济发展阶段以及现有经济发展方

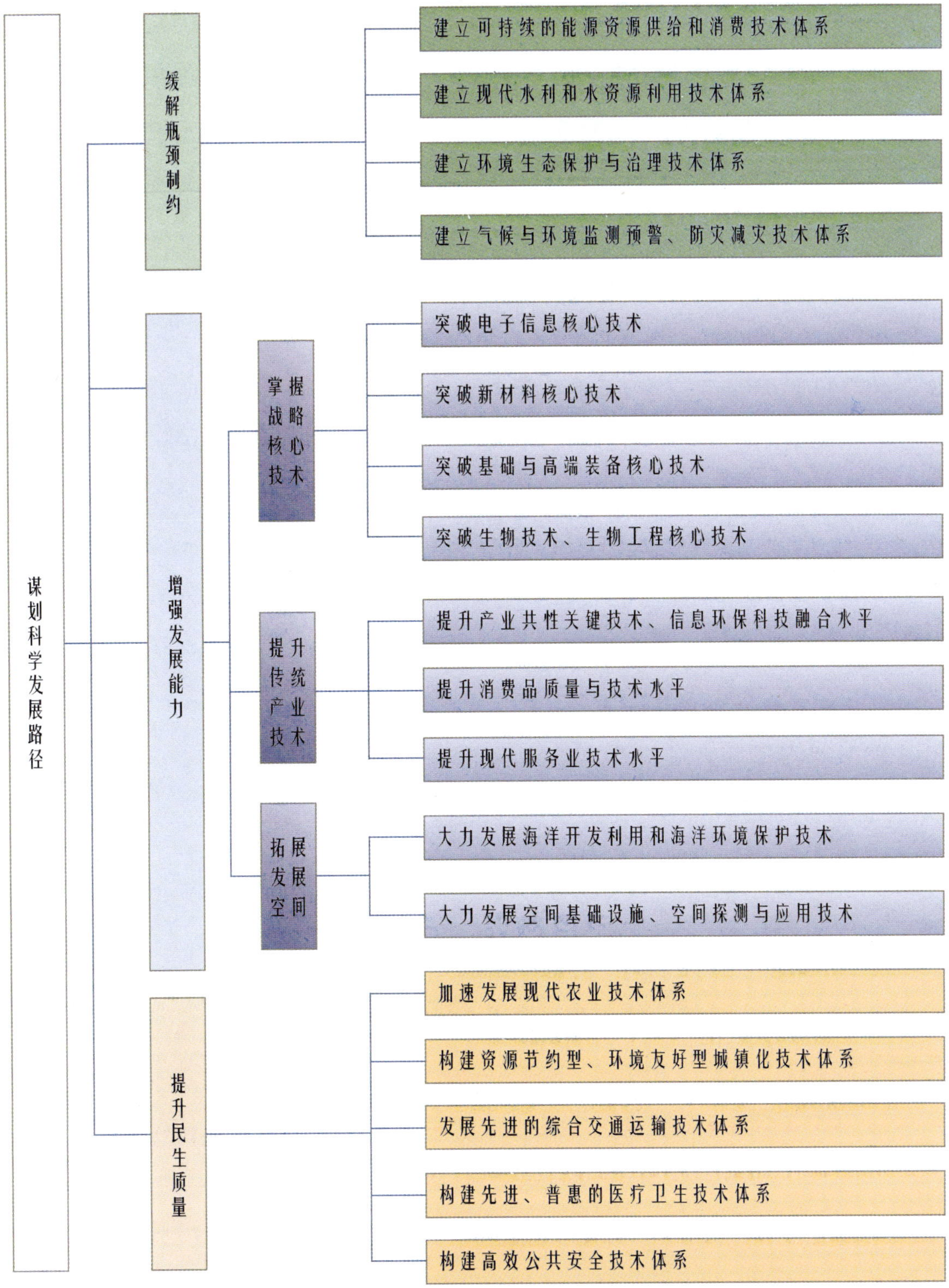

图 1　经济社会发展对工程科技的需求分析

式的巨大惯性成为主要的限制因素。从经济发展阶段看，我国仍处于工业化中期，人口众多，人均 GDP 水平低，区域发展不均衡，在很大程度上仍需要通过持续增长来解决温饱以及向小康迈进的问题；从经济发展条件看，转变经济发展方式受到技术水平、能力基础、劳动力素质和资本等方面的限制。从粗放式向集约式发展方式转变，在短期内对经济结构、增长水平、就业等都将带来冲击，对科技支撑、劳动力素质等提出了更高的要求。

因此，经济发展方式从资源依赖型、投资驱动型向创新驱动型为主转变，需要转变认识与观念、创新体制与机制，还需要大力依靠科技的力量。通过科学谋划提出切实可行的发展路径，通过科技创新形成有效的科技支撑，统筹规划、合理部署，更好、更快地实现经济发展方式转变，避免因错失时机、走弯路而丧失发展空间、付出更大的能源资源环境及其他代价，降低经济发展方式转变的成本，是我国现阶段经济社会发展赋予工程科技领域的历史使命，也必然是工程科技发展的主题。

二、克服资源能源环境瓶颈，解决迫在眉睫的生存与发展需求

未来 20 年，我国工业化、城镇化进程中人口与经济增长，将带来能源、资源需求的快速上升以及巨大的污染物、温室气体排放压力，结构调整和技术进步将成为节能减排的主要手段。经济社会的发展，包括发展速度和发展结构，都必须考虑能源资源的有限增长能力、环境的可持续承载能力的制约，工程科技的发展必须首先着眼于解决以下问题。

需求一，建立可持续的能源资源科学供给和合理消费的技术体系，支撑经济社会平稳较快发展

目前我国存在着人均能源资源紧缺与能源资源利用高消耗、低效率之间的尖锐矛盾，随着经济社会发展，能源消费总量还将明显增加。世界能源资源条件不可能支撑中国这样的人口大国重复发达国家的高消费模式。所以，必须在不断变化的世界能源资源环境中寻求最优的发展战略和路线，通过科技进步，在保持能源资源供给适度增长的同时，通过积极创新，转变能源资源消费模式，用明显低于发达国家现有人均水平的能源资源消费实现工业化和现代化。

大力提升能源资源开发、新能源、资源替代和循环利用技术水平，提高能源资源供给能力。为满足经济社会发展需求，迫切需要提升能源资源开发利用技术、我国特殊地质水资源条件下的水电开发利用技术，加速突破新能源技术，大力发展矿产资源的勘查以及资源替代和循环利用技术。

基于供给能力提出能源消费控制目标。需要根据能源资源的可获性条件和开发利用可行性，科学规划可能形成的经济、安全、清洁的供应能力，对我国的能源消费提出必要的控制目标，统筹设计、规划我国经济社会与能源发展的速度、结构和消费模式。

发展能源资源高效清洁利用技术，建立科学、健康、合理的能源资源消费模式。能源资源消费模式转变不但是发展方式转变的结果，也是发展方式转变的重要“抓手”和标志。在消费观念转变、经济结构调整的同时，必须大力发展高效节能技术装备与产品，通过技术进步争取持续明显降低能源强度，大幅度提高终端用能设备和产品能源利用效率，使我国的能效水平尽快赶上并引领国际先进水平，使能源消费结构逐渐向优质、清洁、低碳方向转变。必须加速发展资源综合利用和再制造技术，提升资源利用效率。

需求二，建立现代水利和水资源利用技术体系，缓解严重影响我国生存与发展的水资源短缺问题

进入 21 世纪，水已经成为全球关注的焦点，困扰人类社会的水问题在一些区域演变成为水危机。我国更是面临着严峻的水资源短缺、水灾害严重、水环境恶化与水土流失加剧的威胁。

水资源短缺和时空分布不均是我国的基本国情。我国是一个水资源严重短缺的国家，被联合国列为 13 个贫水国之一。预计到 2030 年，我国人均水资源占有量将下降到 1700—1820 立方米，达到国际用水紧张标准。由于高强度的人类活动和全球变化，我国河川径流总体上呈减少趋势，北部地区更为突出，同时河床演变规律发生巨大的变化，使我国江河治理工作异常复杂。而随着工业化与城镇化的推进，用水量与用水保证率需求显著提高。对此，现代水利不仅在防洪、排涝、灌溉、供水、河道整治与水能利用等方面要应对一系列新的挑战，而且面临着日趋复杂的治水新问题，对水资源开发利用和水利工程科技提出了更高的要求。

为此，必须积极探讨生态友好的治水理念和工程技术，依靠科技进步和创新实现水资源的合理开发、高效利用、优化配置、全面节约、有效保护和综合治理，解决区域之间、城乡之间、生态系统之间水资源合理配置等问题，解决水质、水量统一管理等问题，支撑节水防污型城市建设、农业节水与农田排水、农村供水与饮水安全、牧区水－草－畜体系平衡可持续发展等城乡水利工程，不断加强我国江河治理中的科技创新。

需求三，建立生态环境保护与治理技术体系，保障人类生存与环境友好型发展

近30年来我国在取得高速经济增长的同时付出了巨大的环境代价，我国整体生态环境进入积累性、复杂结构性、复合性、区域性环境污染阶段，几乎所有的污染物排放量都处于世界第一，全国地表水总体为中度污染，湖泊富营养化问题突出，饮用水安全存在严重隐患。冰川、湖泊、草地、荒漠等生态系统整体退化，国家生态屏障地区的脆弱环境状况已经接近极限，而目前中国的工业化、城镇化和现代化远未完成，仍处于倒U形的“环境库兹涅兹曲线”上升阶段。2010—2030年，我国工业化和城镇化进程加快，能源资源大量消耗，将带来巨大的污染物、温室气体排放压力。同时，我国生态环境退化趋势依然严重，生态和环境承载力将面临更为严峻的挑战。环境状况局部改善、整体恶化的现状已成为制约我国社会可持续发展的重大瓶颈和影响人民生活和身体健康的严重问题，给未来我国环保科技发展带来了巨大的需求和挑战。

大力发展治理技术，降低能源资源开发利用对环境的影响。各种能源资源开发利用过程都有不同程度的环境影响问题，其中化石能源特别是煤炭开发的环境影响最为突出，往往会导致地下水系结构破坏、地表塌陷、水土流失、植被破坏、矸石堆占等问题，严重破坏水资源、土地资源和生态环境。未来20年，能源资源发展带来的环境压力还将进一步加大，亟须大力发展和广泛应用能源资源开发过程中的环境治理技术，根据具体地区的环境和生态承受能力来评估各类能源的开发潜力，尽可能地减少能源开发利用中的环境负面影响。

提升全过程控源减排工程科技，保障经济社会绿色化发展。未来20年内我国处于工业化加速阶段，工业生产过程污染物排放量大、排放面广、成分复杂，但我国目前工业污染防治以传统末端治理为主，整体治理水平不高，资源综合利用率低，清洁技术尚未得到应用，环境负荷沉重，污染减排压力巨大，已成为制约我国工业可持续发展的瓶颈。迫切需要开发国际先进的清洁生产—污染物全过程控制—末端治理—废物资源化一体化集成技术，为最大限度减少我国不可再生一次资源的消耗、保护生态环境提供技术支撑。同时，需要大力发展生活领域节能环保科技，全面保障经济社会的绿色化。

发展区域复合污染的耦合、系统与集成技术，有效遏制环境整体恶化形势。随着区域环境质量的恶化，呈现出点源与面源污染共存、生活污染和工业排放叠加、各种新旧污染与二次污染互相复合的态势，结构性污染呈现不同空间尺度的梯度性转移和变化，单一污染物逐渐向复合污染趋势发展，我国整体环境进入复杂结构性、压缩性、复合性、区域性环境污染新阶段。为了保障水资源的安全供给以及河流、大气、土壤、海岸带环境质量的安全，现有环境污染治理技术亟须向区域复合污染的耦合、系统、集成技术发展，形成区域环境质量改善关键技术系统。

全面发展生态保护与恢复技术，提升生态健康水平。我国自然生态环境脆弱，荒漠化发展速度还在进一步加快。由于气候变化等自然原因和历史上滥伐森林、毁草开荒、滥捕滥猎等人为破坏所造成的影响，我国生物多样性丧失趋势还没有得到有效控制，生态系统呈现结构性破坏和功能性紊乱态势，生物多样性减少、外来物种入侵、遗传资源丧失和流失等问题日益突出，重要生态屏障功能区水土流失、沙漠化、石漠化等现象严重。在全球气候变化影响下生态系统退化加剧，人类生存发展与生态系统保护矛盾更为突出。因此，加强生态保护与恢复，不仅是改善百姓生存空间和生活质量的必要条件，也是实现区域经济社会协调发展的重要因素之一。

应对全球环境变化，保障国际环境公约履行。气候问题和全球环境变化已成为全球可持续发展的重要议题。我国是世界上最大的发展中国家，环境问题尤其受到国际上的广泛关注。我国已签署的国际环境条约、公约和协议（不包括双边条约、协议等）已达 30 多项，内容广泛，涉及全球气候变化、臭氧层保护、生物多样性变化、湿地保护、荒漠化防治、海洋环境保护、物种国际贸易、危险废物控制等，迫切需要获取全面、翔实的科学数据，研究各类全球环境关键科学技术问题，尤其是二氧化碳减排、捕集和封存技术以及碳汇扩增技术，以形成科学的对策方案，大幅度提高我国生态与环境技术和管理水平，同时维护我国的合法权益，为经济社会发展创造良好的外部环境。

需求四，建立气候与环境监测预警、防灾减灾科技体系，大幅度降低灾害风险

由于特殊的地理条件和气候条件，我国自然灾害种类多、分布地域广、发生频率高、危害巨大。我国是世界上遭受气象灾害影响严重的国家之一，台风、暴雨和洪水灾害频发、规模大，每年造成千亿元以上的经济损失和数千人死亡，我国有近1/2的人口、1/3的耕地和90%以上的城市受到洪水的威胁。随着全球气候变化，极端气候事件与致灾因素增加，灾害程度加剧。

同时，我国正处于重大自然灾害高风险时期。未来10—15年我国处于经济快速发展和城镇化加速发展阶段，2020年城市人口预计将超过人口总数的55%，将在东部地区形成京津环渤海、长三角和珠三角三大城市群，以及沿沈大线、陇海线、长江中下游沿岸的快速经济发展走廊，在中西部地区形成若干以中心城市为纽带的经济带。为支撑经济的高速发展，西部地区正在规划兴建数以百计的大坝以及大量输油、输气、输电、输水的大型工程项目。这使得我国面临遭受重大突发性自然灾害的严重威胁。与此同时，节能减排压力巨大，危险物质泄露事件层出不穷，环境问题引发的社会矛盾日益突出。

三、掌握事关国家竞争力的核心技术，抢占新一轮发展制高点

未来20年，中国要实现经济持续增长、人均国民收入显著提高，必须不断增强自主创新能力，以重大技术突破引领发展，大力发展战略性新兴产业，提升产业国际竞争力，赢得我国产业发展的主导权，在以下方面实现突破。

需求五，突破电子信息核心技术，促进信息社会建设

信息技术在很大程度上影响和决定一个国家的核心竞争力。我国信息化虽已达到中等发达国家水平，但同时面临着核心技术缺失等严峻挑战。未来信息

领域的国家竞争将主要围绕信息核心技术和产业竞争力、新技术突破、信息与通信技术在全社会的普及以及信息安全保障等。众多新兴应用对现有网络提出了巨大挑战，需要及早突破未来网络及其相关的通信技术，涵盖互联网、物联网、空间网络等发展需求；为满足我国信息产业的健康发展和保障国家安全需求，需要攻克高端通用芯片、器件和仪器仪表关键技术，发展自主可控的系统软件、新一代信息平台下的信息安全技术等，解决自主研发能力不足和产业控制力不强的问题；为满足日益发展的信息处理需求，需要发展海量数据处理、智能计算、认知与神经工程以及量子信息等方面技术；为提升我国软件产业的未来发展能力与竞争能力，需要着力解决我国软件产业缺乏核心技术、在全球软件产业链中基本处于中下游环节的问题；为提升信息技术应用水平和普及程度，需要着力发展信息技术服务业。

需求六，突破新材料核心技术，支撑重大工程和高技术产业发展

我国正处于高速发展时期，在未来较长时期内都将是材料需求大国，对新材料数量和种类的需求将持续增加，需更加重视提高新材料的性能和可靠性，降低成本和能耗，达到环境友好。未来信息技术超大容量信息传输、超快实时信息处理和超高密度信息存储的发展目标，对微电子与光电子材料提出了更高要求；高性能结构材料是支撑大型客机、高速铁路、深部资源能源探测、先进飞行器和发动机发展的重要基石；稀土功能材料对新能源汽车、风力发电、节能照明等新型节能环保技术突破和产业发展起着十分关键的作用；核级锆合金、核电用大型铸锻件、晶体硅是我国发展核能、太阳能等战略性新兴产业的重要支撑；传感材料、超导材料、催化材料、功能陶瓷材料和膜材料等新型功能材料可满足物联网、能源、可再生能源利用以及水质型缺水危机的迫切需求；生物医用材料是保障人口健康的基础保障。

需求七，突破基础与高端装备核心技术，奠定现代产业基石

迎接制造业全球化、发达国家再工业化挑战，需要着力推进自主创新，实现基础装备、工业母机、重大成套装备、高技术装备和高技术产业所需装备的自主研发与生产。重点实现大型、精密、高速数控装备和高档数控系统及功能部件的自主研发和生产，为新能源、新材料、生物医药、空间海洋拓展等新兴产业提供先进装备；大力发展农业、医疗等民生领域重要装备，满足保障和改善民生的需求；提升装备的极限化、精细化、成套化、智能化水平，满足传统产业的改造升级要求；发展具有自主知识产权、节能环保型汽车、大型客机、先进船舶等交通运输装备，满足不断增长的海、陆、空运输能力要求；提升各类装备的高效、节能和环保性能，为各行业各领域实现节能减排目标提供重要技术保障。同时，应随着我国工业化和城镇化发展阶段的演进，及时调整装备制造技术与产品发展重点，满足新的发展需求。

需求八，突破生物技术、生物工程核心技术，引领新兴产业发展

生物技术是21世纪四大支柱技术之一，生物技术突破已经成为培育战略性新兴产业、引发新的产业变革的重要力量之一。生物制药技术、农业和食品生物技术等在医疗、食品、环保、安全、能源领域一系列问题上已经取得并将继续取得重大进展，这些进展可以帮助人类解决很多目前无法克服的疾病的治疗问题，改善食品的生产方式，治理污染，延长人类寿命，提高生命质量，帮助人类加速植物和动物的人工进化，改善生态环境对人类的影响等。与此同时，工业生物技术已经成为未来工业可持续发展的核心，正推动着一个以生物催化和生物转化为特征，以生物能源、生物材料、生物化工和生物冶金等为代表的庞大现代工业体系的形成，以及一场以化石为原料的工业迈向生物质经济的现代工业技术革命的到来。中国正处于全面建设小康社会、迈向中等发达国家的关键时期，充分挖掘传统生物技术所带来的优势，把握新兴生物技术创新的发展机遇，在生物技术领域形成可持续的自主创新能力，是应对自身经济社会发展战略需求、引领现代产业发展、在生物经济时代占据应有地位的重要抉择。

四、加速提升传统产业技术水平，满足增强综合国力的需求

转变经济发展方式，要求经济发展向集约型、技术创新型、资源节约和环境友好型、内需主导型、消费拉动型、均衡型和普惠公平型转变，在大力发展战略性新兴产业的同时，必须加速提升传统产业技术水平，全方位建设现代产业体系。

需求九，提升产业共性关键技术及其集成应用水平，促进信息技术、节能环保技术融合应用

产业基础技术、共性技术和关键技术是产业赖以生存和发展的基石，先进设计技术是先进制造技术和创新的灵魂。为全面提升我国产业自主创新能力和竞争力，必须积极推进信息技术与各行业的融合，大力发展产业基础技术、共性技术和关键技术，发展先进设计技术，发挥信息技术的渗透性和创新优势，在生产和服务的各个环节提高自动化、智能化水平和现代化管理水平。面对传统产业能源消耗的压力以及低碳减排的压力，加速发展高效节能环保与资源循环利用相关技术和装备、产品以及服务产业，推进节能环保技术的普遍应用，提升传统产业发展质量，推进传统产业绿色化发展。

需求十，提升消费品质量与技术水平、加快产品创新，满足人民生活质量提升需求

未来 20 年，我国将逐渐从温饱和局部小康的发展阶段向全面小康、中等富裕阶段发展，内需和消费需求将成为经济发展的重要推动力。在这一社会转型过程中，随着收入水平的提高，居民生活消费模式也将由温饱型向富裕型转变。适应不同阶段的发展需求，需要加强工程科技创新，不断开发出功能新颖、节能环保、安全舒适的新产品和服务，满足居民提高生活质量的需求，促进内需导向型经济增长。

需求十一，提升服务业技术水平，促进现代服务业成长和产业结构升级

发达的现代服务业是现代化的重要标志，是新型工业化的基本内容之一。推动服务业大发展是我国转变发展方式、产业结构优化升级的一大战略重点。未来 20 年，要加强工程科技创新，加强技术融合与发展，促进信息技术与服务业结合，大力发展生产性服务业，并推动服务业从以劳动密集型为主向以技术、知识密集型为主的现代服务业转变。

五、拓展发展空间，奠定大国、强国地位

空天海洋是未来人类新的发展空间和重要资源，也是世界各国争夺的重要疆域。为拓展新的能源资源空间，支撑国家信息化，带动和促进国家整体科技

实力的提升，维护国家空间海洋权益，保障国家安全，需要在空间海洋领域形成一大批具有世界先进水平的领先技术，打造强大的国家竞争力。

需求十二，大力发展海洋开发利用与海洋环保技术，推进我国海洋战略和蓝色经济发展

海洋是地球的资源宝库、生命摇篮和环境调节器，开发利用海洋是解决当今全球能源资源短缺、人口膨胀和环境恶化问题，支撑可持续发展的重要出路。我国拥有约300万平方公里的管辖海域，海洋维权面临严峻挑战；我国进出口贸易90%以上依赖海上运输，台湾海峡、南海、马六甲海峡、印度洋、阿拉伯海等已成为我国海上运输的生命线，保障海上战略通道畅通，是涉及国家经济社会发展、社会安全与国防安全的全局性战略重点。我国目前海洋科技能力十分薄弱，与我国海洋大国的地位很不相称。未来20年，为争夺海洋开发和海洋权益保护的自主权和先机，需要大力发展海洋环境生态监测监控技术、大洋及深海资源能源开发利用技术，发挥海洋经济的巨大潜力。

需求十三，大力发展空间基础设施、空间探测和空间应用技术，促进太空经济发展

为满足通信保障、广播电视、应急救灾、远程医疗、远程教育等需求，需要进一步提升通信广播卫星系统技术；为满足气候观测、土地与资源监测、环境保护、应急救灾、农林水利、城市建设、海洋观测等需求，需要大力发展天地一体化、高中低分辨率结合的先进观测技术，发展临近空间利用技术，形成时空协调、全天候、全天时的对地观测系统；为满足安全、消费和专业应用三大市场对导航应用不断增长的需求，需要不断提升我国自主的卫星导航系统及应用技术；为满足空间科学、空间探测和空间技术进步需求，需要大力发展载人航天与深空探测技术；为支撑空间探索，需要进一步突破先进的运载火箭技术，需要针对关键产品、核心元器件、国产化产品、卫星平台寿命与可靠性等开展试验与新技术验证，为我国空间技术发展奠定基础；需要着力发展卫星系统的综合应用技术，不断促进太空经济发展，形成国民经济新的经济增长点。

六、积极推进民生保障相关科技，提高国民福祉

保障和改善民生是发展经济的最终目的，也是实施扩大内需战略和推动经

济发展方式转变的重要途径。未来20年，我国人口增长将达到高峰并步入老龄化社会，工程科技的发展要支撑人类历史上最大规模的城镇化过程，着重解决人口增加、耕地减少、资源短缺、生态环境恶化条件下的食物安全问题，解决公共需求的全面快速增长与教育医疗等基本公共产品短缺、公共服务不到位的矛盾，促进国民健康，保障公共安全，提高国民的整体福利。

需求十四，构建现代农业技术体系，确保国家食物安全，支撑国民经济发展

农业是中国这一占全球1/5人口大国的生命线。我国农业发展面临一系列问题：人口增加、城镇化、工业化导致耕地不断减少；长期以来“重引进、轻培育，重改良、轻保护”的状况，使得农作物畜禽品种资源面临被国外种业控制的严峻局面；人地矛盾突出、盲目毁林开荒和开采矿藏，导致大量水土流失和土壤沙漠化，西部地区生态退化日渐突出，水域生态不断恶化；随着人类活动以及全球气候的变化，重大动植物病虫害及其引起的污染和药物残留对农业生产、食品安全以及人类生存的威胁越来越大。

随着工业化和城镇化的推进，受人口增加、生活水平提高、农业劳动力人口转移、耕地减少、水资源短缺、气候变化、环境恶化、生态破坏、国际市场等因素影响，到2030年，我国对农产品的需求总量和需求结构将发生重大变化，粮食和食物安全将面临严峻挑战。保障农产品供应，提高农产品质量，优化农业结构，提高农业资源利用率和整体效益，改善农村生态环境，促进农业可持续发展的技术，成为当前需求最为迫切的工程技术之一。需重点研究和实施对保障食物安全和农业发展有重大推进作用的现代生物育种及动植物新品种选育技术、动植物病虫害与畜禽重大疫病综合防治技术、农业综合生产能力工程技术、农产品健康生产工程技术、农业生物质资源化利用工程、农业资源高效利用和生态环境保护工程技术以及能够增加农业附加值的农产品深加工技术等，以大幅提高我国食物安全发展水平，满足我国农业和农村经济发展需求。

需求十五，构建资源节约、环境友好型城镇化技术体系，支撑城镇化，促进城乡和谐发展

未来10—20年仍然是我国城镇化高速发展阶段，快速城镇化已成为我国经济社会发展的新动力。同时，城镇化过程伴生的一系列问题也将带来前所未有的挑战：城市扩张与我国土地资源短缺、区域水资源短缺的矛盾；人口向城市集中过程中的人口迁移和安置；大量新增城镇建筑面积与旧建筑拆除更新导致的大量能源资源消耗和废弃物处理问题；建筑规模增大、标准提高造成运行阶段的能耗总量大幅度上升；伴随城市扩张带来的交通拥堵和能耗问题；人口密集、工业集中、交通拥挤所产生的城市污染和环境恶化问题；人口高度集中和高度流动形势下公共卫生体系建设、重大疾病预防、流行性疾病控制问题；城市人口过多、竞争过度所造成的社会问题，以及城镇化引起农业劳动力短缺、边远地区公共资源缺乏问题，各地区可持续发展的新农村建设模式、农村发展所面临的土地、资源、能源、环境、交通、水、垃圾等综合治理和管理等问题。由此，城镇化过程对工程科技的发展提出了众多复合性需求，工程科技需要在以下方面取得突破：合理规划城镇发展和基础设施建设、促进土地综合利用；发展先进的建筑设计技术，资源能源节约及环保型城乡建设、建筑建造运行技术；建立高效的城市污染物无害化处理体系、城镇综合交通体系、城镇公共卫生防控体系，同时，积极发展支撑农村发展的节能、低碳、环保和资源高效利用的建筑技术等，不断提升我国城镇和乡村的宜居性和可持续发展水平，积极致力解决区域、城乡矛盾，支撑产业合理布局，提升农村、边远地区公共资源建设能力，大力发展远程教育、远程医疗等，促进普惠均衡发展。

需求十六，构建先进的综合交通运输技术体系，支撑经济社会协调高效发展

交通运输作为基础性产业，对我国国民经济和社会发展至关重要。国家“十二五”规划建议中提出，要按照适度超前的原则，统筹各种运输方式的发展，构建便捷、安全、高效的综合运输体系，推进国家运输通道建设，基本建成国家快速铁路网和高速公路网，发展高速铁路，加强省际通道和国省干线公路建设，积极发展水运，完善港口和机场布局，改革空域管理体制。到2030年，城镇化、人口增长和居民生活方式转变对综合交通工程科技发展提出了更高的要求，迫切要求交通发展方式转型。

为满足上述需求，必须加速材料、机械、航空宇航、交通、信息、控制、管理等多学科融合，推动交通运输装备和运营管理技术的不断提高，大力发展复杂地质条件下交通基础设施建设及安全保障技术，以全生命周期节能、低碳、环保为主要特征的交通科技新技术，智能交通技术以及综合交通网络技术，合理配置各类交通资源，充分发挥各种运输方式的比较优势，促进综合交通的量与质都实现突破性发展，满足不断增长的经济社会和人民生活需求。

需求十七，构建先进、普惠的医药卫生技术体系，保障和促进国民健康

按照中央决策，到2020年要基本建立覆盖城乡居民的基本医疗卫生制度，实现人人享有基本医疗卫生服务。目前我国医疗卫生服务供给总量相对不足，医疗卫生科技水平与发达国家差距较大，慢性病成为健康的主要威胁，重大传染病传播风险大，生物医药远不能满足国内需求，高端医疗器械依赖进口。医疗卫生资源配置不均衡，城乡医疗保障差距大，“看病难”、“看病贵”问题十分突出，医疗卫生事业发展水平与人民群众对生活质量和健康的要求相比存在较大差距。伴随城镇化过程以及人类生存环境、生活方式、人口老龄化等自然和社会环境的变化，疾病谱日趋复杂和多样化，重大疾病的发病率和死亡率不断攀升，人民对新技术、新产品的需求十分迫切。

为满足建立高效医疗体系、公共卫生服务体系和人口健康保障体系的需求，我国未来医疗卫生工程科技要实现多个方面重点突破：适应医学模式转变的趋势，预防与治病相结合，大力发展预测医学、预防医学、个性化医学和参与医学，建立“生物－心理－社会－工程”的医疗模式，通过更精确的预警与诊断、更有效的干预和治疗，降低发病率，提高治愈率，提升国民健康水平；持续追踪前沿领域，大力发展基因分子生物学技术，针对基因、环境和生活方式相互作用对人类健康的影响，不断突破新技术，引领生物医学技术发展；加速研发新型药物、仪器设备和芯片等，大力提高重大疾病和慢性病的预防和治疗技术水平；致力于克服转化医学技术瓶颈，建立疾病防治转化体系，促进新技术新产品快速、普遍应用；积极传承、大力发展中医药学，促进中医药学现代化，提升重大疾病和难治病的防治水平，为民众提供最普遍、资源丰富以及高水平的医疗及保健服务；以提高医疗服务可及性、降低医疗成本、建立个性化服务为导向，实现数字卫生关键技术的研发和推广应用，全面促进医疗模式转变。

需求十八，构建高效公共安全技术体系，保障社会和民生安全

随着经济社会发展，社会分工越来越细、人与人之间联系越来越紧密，另一方面，影响社会稳定、危及公共安全的因素也变得越来越多。信息技术的发展和互联网的普及，使得世界经济社会在获得广泛联系的同时，也加大了社会突发性、随机性、连锁性的风险。社会公共安全主要包括信息安全，食品安全，药品安全，生产安全，交通安全，自然灾害以及外来有毒、有害物质和生物入侵，恐怖事件等多方面的内容。构建高效公共安全技术体系，应对这些风险，保障社会和民生安全，是十分迫切的。例如，“三鹿”奶粉问题暴露出我国食品安全问题十分突出；每年由安全生产事故引发的损失巨大；地震、气象灾害、洪涝和地质灾害等重大自然灾害造成大量的人员伤亡。因此，支撑信息安全体系、生物安全体系、自然灾害与生产事故安全体系、食品安全体系、社会安全体系建设，全面提升国家抗御和应对公共灾害事故与突发公共事件的能力，是工程科技亟待解决的重大而紧迫的问题。综合利用遥感技术、现代通信技术、数据采集融合、存储与处理技术，建立能够畅通有效地进行灾害预防、预测、预报、预警，并能实施抗灾抢险与指挥的综合信息化体系，已成为数字减灾与应急管理的迫切任务。

第三章　工程科技发展的总体战略

第一节　战略定位与发展思路

一、战略定位

基于我国面向2030年经济社会发展的战略需求，未来20年我国工程科技发展的战略定位如下。

1. 以创造健康的生存发展环境为出发点

在新的历史阶段，工程科技的发展必须以科学发展观为指导，实现从“征服自然观”到“和谐工程观”的理念变迁和模式转换，要坚持以人为本，以绿色发展为基调，进一步强化工程科技为公众服务的宗旨，合理、适度地改造自然，注重技术、经济、社会、文化、环境等方面的有机结合，注重通过工程科技创新促进生态健康与人类健康发展，为建设美丽中国、实现中华民族永续发展做出贡献。

2. 以支撑我国经济社会又好又快发展为核心任务

转变经济发展方式是我国经济社会领域的一场深刻变革，必将贯穿经济社会发展全过程和各领域。工程科技是科学技术向现实生产力转化的关键环节，是我国经济发展实现创新驱动、内生增长的核心原动力。工程科技的发展必须满足我国未来20年转变经济发展方式的需要，支撑新型工业化、信息化、城镇化、农业现代化等重大需求，通过工程科技创新，提高我国经济社会全面、协调、可持续发展能力，改变我国未来20年的发展面貌。

3. 以建设工程科技创新强国为使命

高水平、高质量、高层次的工程科技是科技事业繁荣的重要组成部分，是建设创新型国家的基石。我国未来20年的工程科技发展要立足自主创新，紧密结合我国经济社会可持续发展需求和工程科技发展的大趋势，把握科技发展交叉融合的特征，以“产学研用”有机衔接的自主创新体系建设为支撑，以重大科技工程为“抓手”，通过强化原始创新、聚焦集成创新，力争在多个重点领域使我国工程科技创新进入世界前列，带动工程科技水平的全面提升，提升工程科技对国民经济和社会发展的贡献率，推动我国从工程科技大国向工程科技强国转变。

二、发展思路

基于以上定位，2030 年前我国工程科技的发展应遵循“科学规划、超前部署、绿色优先、工程牵引、整体提升”五大原则。

1. 系统认知，科学规划

工程科技创新要以经济社会的和谐发展为出发点，为重大经济社会发展问题决策提供科技支撑。要立足全局、着眼长远，深入研究我国经济社会发展规律，系统分析我国经济发展方式转变、建设创新型国家对工程科技发展的战略要求，对我国工程科技发展进行统筹规划，走中国特色工程科技发展道路，有效支撑解决我国现代化进程中所面临的人口与能源资源环境压力下的经济发展、城镇化以及民生保障等重点问题，推进经济发展方式转变，不断促进高新技术融合创新。

2. 超前部署，引领导航

科学选择若干对国家长远发展具有带动作用的先导性高科技领域，加速进行前瞻性部署，探索未来可能成为主流的工程科技发展方向及前沿技术，在一些新兴工程科技领域以及关系国计民生的战略必争领域抢占制高点，大力发展新兴技术，助力我国在天空、海洋、太空等领域拓展发展的战略空间，在重点领域实现面向世界先进水平的跨越式发展，大力提升自主创新能力，奠定国家竞争力基础，引领战略性新兴产业发展。

3. 绿色优先，和谐发展

深入研究我国资源环境的承载能力，以合理控制总量、确保绿色发展为基调，提出支撑我国可持续发展的工程科技路线图。对能源、资源、环境等关键瓶颈领域，实施集中突破，建立资源节约型、环境友好型的技术体系、生产体系和效益体系，为生态文明建设注入工程科技力量，实现有控制的健康发展，有力支撑经济发展方式的转变，保障我国的可持续发展。

4. 工程牵引，集群突破

发挥我国集中力量办大事的经验，优先配置、集成高效科技力量与资源，组织若干重大工程，以重大工程改变我国未来发展面貌，以重大工程牵引我国工程科技发展，以重大工程带动多领域、多学科、多尺度工程科技的交叉融合和一体化发展，促进工程科技的集群突破，实现若干重点领域的工程科技重大跨越。

5. 强化基础，整体提升

坚持培育与发展战略性新兴产业与运用高新技术改造传统产业并举的原则，系统推进我国产业技术创新。高度重视共性技术创新对国家经济社会发展的基础性作用，整合、完善、稳定共性技术研究力量，着重研究带动性强的、对产业整体竞争力提升具有全局性影响的关键共性技术，大力加强自主设计能力建设，积极发展产业技术，推动技术扩散和融合发展，全面提升传统产业和民生领域的技术水平，支撑相关产业由大变强，不断催生新的产业领域。

第二节　战略目标

为满足我国转变经济发展方式、提升综合国力的需求，2030 年我国工程科技发展的总体目标如下。

一、工程科技整体上达到发达国家中上水平，若干领域国际领先

推进科技体制创新，健全工程科技人才体系和工程科技创新体系，形成先进的技术基础设施能力，自主掌握主要行业关键技术及其集成优化技术，工程科技对经济增长和社会发展的贡献率大幅提高，在对经济社会发展具有重要支撑作用以及对国家安全具有重要影响的若干方向上抢占制高点，到 2030 年争取达到国际领先水平。

二、能源、资源、环境技术有效突破并广泛应用，缓解对经济社会发展的瓶颈制约

推动能源生产和消费方式变革，初步建成合理高效、节能环保、多元互补和可持续的能源体系，实现能源供需模式向科学供给满足合理需求转变，能源清洁利用、节能和能效技术达到世界先进水平，太阳能发电、风电和生物质能等突破技术经济瓶颈、实现规模发展，天然气、可再生能源和核电在能源供给中的比例达40%左右。深部资源勘探能力达到2000米，基本实现矿产资源的安全、经济、绿色生产及高效清洁利用，大宗消费矿产资源自给率提高10%—20%，矿产资源供给安全度提高。在水利建设的重点领域、关键环节、核心技术上实现新突破，城市节水防污技术体系达到国际先进，单位GDP用水量降低50%以上。污染物排放总量得到控制，大尺度污染控制与修复工程技术广泛应用，基本建成资源节约型、环境友好型技术、生产与生活体系，生态环境恶化趋势基本得到遏制。

三、产业核心技术自给率大幅提升，形成可持续的国际竞争优势

信息产业整体技术水平进入世界先进行列，城乡信息化服务普及，经济社会信息化总体接近发达国家水平。自主掌握关键材料与装备、绿色船舶与海洋工程设备、先进轨道交通设备、250座级宽体飞机、新能源汽车等交通运输材料与设备的设计制造核心技术，建成新材料产业技术创新体系，关键材料与装备能满足重大工程、高技术产业和战略性新兴产业的需求，重大成套装备和战略性新兴产业所需的关键材料与装备能满足国内市场80%以上需求，智能化、绿色化、网络化制造与服务普及，流程工业产业技术水平达到国际先进，循环经济取得全面进展。具备先进、独立的海洋开发能力，形成3000米水深油气田开发、7000米级深海作业能力，海洋综合利用工程技术达到发达国家水平。建成先进的空间工程技术体系，形成长期、稳定、可靠的空间应用服务体系，深空探测和空间科学研究能力大幅提升。

四、民生保障科技体系基本实现全方位覆盖，有效支撑和谐社会建设

基本建立保障我国食物安全、生态安全、资源安全的农业科技体系，建成有中国特色的动植物生物育种技术产业化体系，现代节水农业技术和设备得到广泛应用，高产稳产粮田比例进一步提升，确保6亿吨粮食综合生产能力，主要生物质资源化利用率达到80%以上。城乡与区域科学规划技术、建筑领域低碳节能环保技术达到发达国家水平，城镇建筑单位面积运行能耗在2005年基础上降低40%—50%。基本实现综合交通一体化，综合交通运输网络化、信息化、智能化建设达到发达国家水平。初步实现预防、预测、个体化和参与医学相结合的4P医学模式，大幅提升新药创制能力和关键药品自给率，形成现代医学体系与中医药学互为补充、基本满足全民健康需求的医疗服务能力。建成较为完善的公共安全基础设施和技术保障体系，实现公共安全向主动保障型、现代高科技型转变，全面提升国家抵御和应对突发公共事件的能力。

第三节　战略任务

一、“三位一体”总体构架

为实现工程科技支撑经济社会发展的目标，工程科技的总体发展任务应包括“缓解瓶颈制约、增强发展能力、提升民生质量”三大方面，三方面的科技要素和发展任务紧密结合、相互支撑。要持续提升发展能力，保持长期稳定发展，需要以突破资源能源和环境的制约为基础，大力发展制造业、战略性新兴产业核心技术，大力提升产业自主创新能力和核心竞争力；要突破资源能源环境对生存与发展的制约，不仅要从资源、能源开发和环境治理角度寻求科技突破，更需要从资源能源利用和消费方面加强科技支撑，大力发展各产业领域以及生活领域的能源资源高效、清洁、可循环利用技术，强化信息化和工业化过程中先进科技的支撑；要提升民生质量、增进民生福祉，需要在增强发展能力、改善民生环境的基础上，全面提高农业、民生和公共安全保障的工程科技能力，使得广大人民享有宜居、健康、安全的生活。

工程科技中长期发展战略总体框架如图2所示，包括12个重点领域。

缓解瓶颈制约，优先发展能源、资源高效清洁低碳利用和环境保护技术：重点发展高效清洁能源开发利用技术、合理持续资源开发利用技术以及全程防控环境保护技术。

增强发展能力，重点突破战略性新兴产业和现代制造业所需的核心技术及共性技术：重点发展泛在智能电子信息技术、关键新材料技术、高端绿色装备制造技术、绿色循环流程工业技术以及空间海洋能力拓展技术。

提升民生质量，全面提高现代农业、民生和公共安全保障的工程科技能力：重点发展现代高质农业技术、宜居节约型城镇化与综合交通技术、普惠健康医药卫生技术以及公共安全高效保障技术。

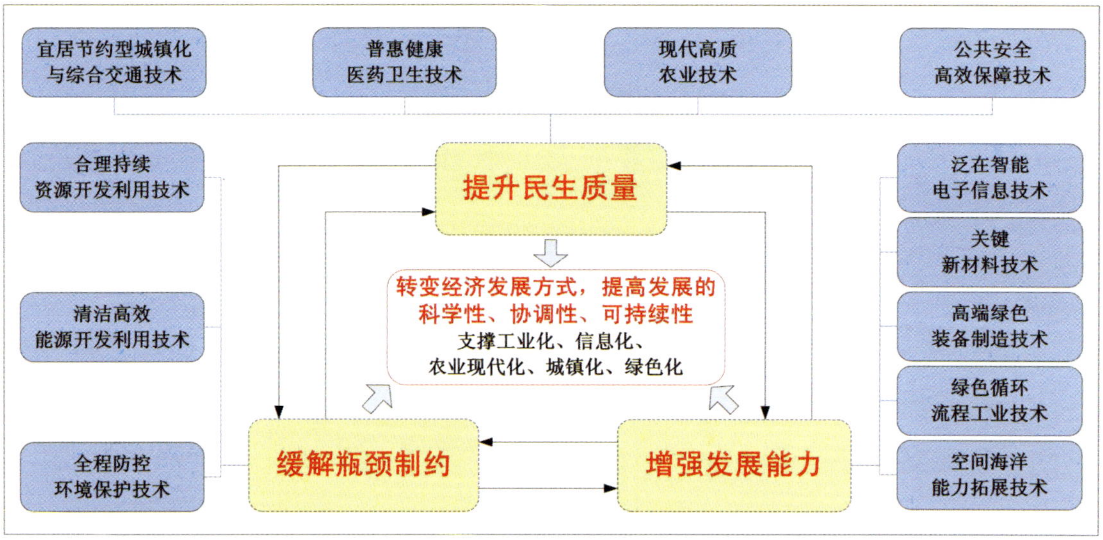

图2　工程科技中长期发展战略框架示意图

通过12个领域工程科技的全面推进和部分领域的重点跨越，在未来20年内，突破能源资源环境对我国经济社会发展的制约，加速推动战略性新兴产业发展，改变我国产业发展面貌，全面建立现代产业体系，支撑有质量的发展和包容性增长，保障民生和谐。

二、“两段三步”战略部署

从现在起到2030年，我国工程科技发展任务可以按照“两段三步”进行重点部署，以重大工程为工程科技支撑经济社会发展的载体，以重大科技专项突破带动整体工程科技水平提升，完成 12 个领域的重点发展任务，逐步实现工程科技的跨越式发展。

“两段三步”的内涵是：按照 10 年为一个阶段，可分 2011—2020 年、2021—2030 年两个阶段进行工程科技发展任务的整体部署，实施重大工程科技专项和重大工程；同时根据工程科技支撑经济发展方式转变的要求，将第一阶段分为两个步骤，即第一阶段前 5 年为第一步，重点强调工程科技支撑经济发展方式转变的策略调整、路径谋划和先行部署，后 5 年为第二步，在系统谋划和重点突破的基础上，进一步缓解矛盾、拓展发展空间。由此，2011—2030 年工程科技发展可以分为“突破”、“拓展”、“跨越”三步走，三步的发展重点分别为：以“突破”支撑我国经济发展方式转变，以“拓展”支撑发展能力和民生质量提升，以“跨越”支撑工程科技强国建设。不同时期我国工程科技发展各有侧重，共同构成未来 20 年我国工程科技发展的战略途径。

1. **第一阶段（2011—2020 年）**

第一阶段为我国经济发展方式转变的奠基期和关键突破期，这一时期工程科技的发展策略和支撑力度，将在很大程度上决定我国未来经济发展方式调整的路径和成效。工程科技的主要任务是夯实基础，积极寻求转型路径，优先发展能源、资源和环境科技，部署、实施战略性新兴产业核心技术攻关，全面建设自主创新能力基础，通过科技创新支撑经济发展方式转变和社会发展目标的实现。这一阶段按照任务重点，可以分为以下两个步骤。

第一步（2011—2015 年）“突破”：准确定位、系统规划、紧迫先行、重点突破。

◆基于科学发展观，把握科技发展规律，找准经济发展方式转变的目标和定位，系统谋划工程科技支撑经济发展方式转变的实施路径，明确各领域工程科技的重点发展方向，合理、有序地部署工程科技战略任务，优化配置工程科技战略资源。

◆着力解决迫在眉睫的制约经济社会发展的能源、资源、环境等工程科技问题，规划路线、制定政策、建立机制。抓紧基础能源战略调整，重点发展化石能源与资源高效清洁利用技术、流程工业节能、减排和清洁生产技术、水资源合理配置、循环经济和水灾害减轻技术、水环境保护技术、节水防污技术，构建源头减排全过程防控体系。

◆集中力量有效解决重点产业关键共性技术，重视发展自主设计能力，加快推进传统产业结构调整和升级改造；积极培育、发展战略性新兴产业核心技术和集成技术，为工程科技的跨越式发展奠定基础。

◆将民生保障作为首要出发点，全面策划、统筹部署民生保障的工程科技支撑和基础设施建设，加速发展食品安全、居住安全、城乡规划、防灾减灾等工程科技。

第二步（2016—2020 年）“拓展”：缓解矛盾、掌握关键、促进升级、深化拓展。

◆大力发展节能、减排、低碳、环保技术与装备，重点突破能源绿色化技术，攻克非水可再生能源技术瓶颈，着重提升可再生资源循环利用、绿色低碳流程工业与循环经济技术体系发展能力，广泛推进区域复合污染控制技术研发与应用，建设防洪抗旱减灾、水资源合理配置和高效利用、水资源保护和利用及河湖健康保障体系。

◆在新材料、新能源、生物技术领域掌握一批世界领先的关键核心技术，抓住新一代信息网络技术机遇及早部署，大幅提升新一代信息技术、基础与高端装备制造若干重点领域科技创新能力，全面助力新型产业体系构建。

◆开展化工、冶金、建材、轻工、纺织领域新工艺、新流程、新设备和集成技术创新，重点发展绿色、低碳制造和生物质资源高效清洁利用技术，促进产业转型升级。

◆强化海洋开发的关键技术攻关，推进海洋立体观测网络和空间基础设施建设，大力发展空间应用技术，促进太空经济发展。

◆大力推进现代农业、森林碳汇、医药卫生、公共安全、城镇化建设与交通运输领域的基础与关键技术研发，推进现代服务业和民生领域信息技术的研发应用，加速构建民生保障基础设施与技术应用体系，有效提高民生质量。

2. **第二阶段**（2021—2030 年）

第二阶段是我国新型发展方式的全面发展和确立期，作为中长期发展战略的第三步，以“跨越”为特征，工程科技的主要任务是“局部领先、整体提高、支撑和谐、持续发展”。

第三步（2021—2030 年）“跨越”：局部领先、整体提高、支撑和谐、持续发展。

◆先进能源和资源开发利用技术、生态与环境保护技术、流程工业集成优化技术、生态工业与社会间循环经济技术、资源循环利用技术等加速跃升并在更广的范围推广，全面构建水资源可持续利用技术体系，着重开展区域环境综合修复，全面促进绿色发展。

◆重点促进新材料技术、高端装备、信息技术的新跨越、产业化发展和深度应用，全面突破轻工纺织领域生物质资源的高效清洁、功能性和高值化利用技术，推动产业结构向更高级、更合理的方向发展。

◆进一步完善空间基础设施，实现深空探测和载人探月突破，推进深远海资源勘查，使其开发利用技术逐步走向工程化、产业化，开辟生产力发展的新空间。

◆加大工程科技对民生领域以及现代服务业的支撑力度，大幅提升现代农业、医药、环保等领域生物技术、生物工程技术的产业化创新水平，全面推进高产高效绿色农业工程和农产品保障科技体系，推进慢病防控和预测医学、预防医学、个性化医学、参与医学医疗卫生体系建设，形成健康产业，推广城乡宜居工程，完善公共安全技术保障体系，促进人民生活向更舒适、更健康、更安全的方向发展。

◆构建完善的工程科技自主创新体系，全面支撑产业结构升级和国民经济健康发展，创造新的经济增长点，培育全球竞争新优势。

工程科技阶段发展重点参见图 3。

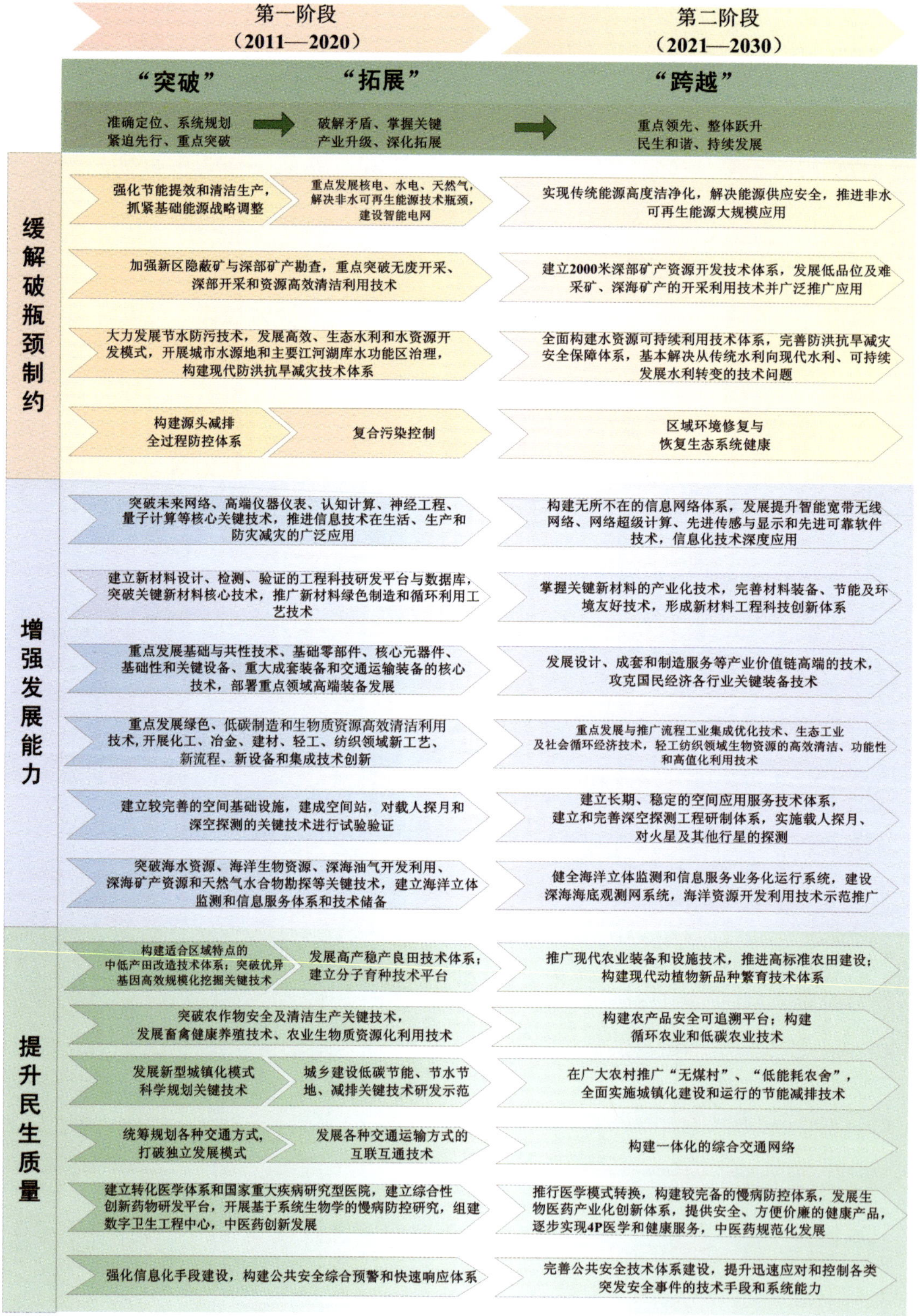

图3　2030 年工程科技发展战略路径

三、重大工程和重大工程科技专项

2011—2030 年间，建议重点实施 20 项重大工程、23 项重大科技专项（见图 4）。

20 项重大工程	23 项重大工程科技专项
1. 煤炭清洁低碳可持续开发利用工程	1. 现代生物基能源高效开发与利用技术
2. 节能提效工程	2. 新一代电网技术
3. 快堆及核燃料后处理示范工程	3. 非常规天然气开发与高效利用技术
4. 流程工业绿色制造及循环经济生态链构建工程	4. 深部矿产勘查与开发技术
5. 控制 PM2.5 核心制造体系国产化工程	5. 全球环境问题应对综合技术
6. 生态保护与建设工程	6. 环保产业技术支撑体系
7. 新一代信息网络工程	7. 流程工业减排、回收和利用 CO_2 技术及碳减排评价方法学研究
8. 智能城市工程	8. 高端仪器仪表和医疗器械
9. 能源及信息产业用关键材料系统工程	9. 认知计算与神经系统
10. “基于网络的设计/制造/服务一体化”示范工程	10. 大数据与软件技术
11. 新能源汽车大规模产业化工程	11. 智能农业
12. 250 座级宽体飞机工程	12. 数字卫生
13. 现代生物种业工程	13. 特种功能材料工程化技术
14. 食物安全保障工程	14. 先进结构材料及新型复合材料工程化技术
15. 慢病防控与健康管理工程	15. 高端及微纳制造技术
16. “清洁能源”、“低能耗”农村建设示范工程	16. 增材制造技术
17. 长江流域水循环调控与安全保障系统工程	17. 航空发动机
18. 分子诊断与生物大数据工程	18. 载人登月与深空探测
19. 空间技术应用工程	19. 纺织产业创新发展
20. 海洋环境认知与资源开发利用工程	20. 重大植物病虫害和动物疾病防控关键技术
	21. 再生医学
	22. 城乡建筑低碳节能
	23. 西部强震区高坝大库抗震安全

图 4　重大工程和重大工程科技专项

第四章　工程科技主要领域的重点任务

根据工程科技发展的总体战略构想，提出2011—2030年能源、资源、环境、材料、装备制造、流程工业、农业、信息、医药卫生、城镇化与交通运输、空间海洋、公共安全等12个重点领域的发展思路、发展目标及重点任务如下。

第一节　高效清洁能源工程科技重点任务

一、发展思路

支撑“科学、绿色、低碳能源战略”，以科学发展为原则，走中国特色发展道路，依靠科技创新支撑，建设先进能源系统。坚持节能优先、高效经济，优化多元生态结构、合理调控供需，坚持环境与经济双赢，坚持有差别地确定不同发展阶段、不同地域的战略目标与重点，达到总体优化。

二、发展目标

2030年前是我国能源发展转型期中的攻坚期，要切实扭转以粗放供给满足过快需求的模式，努力向以科学供给满足合理需求的模式转变，形成节能优先、有效控制能源过快增长的约束机制；在继续增加能源供应能力的同时，有效调整能源结构，大力发展低碳能源，力争在2030年左右使我国温室气体排放达到峰值，为2030年后高效清洁低碳发展做好技术和资源的准备，以建设形成国际先进、合理高效、节能环保、多元互补、安全有保障的能源消费和供应体系。

2020年单位GDP能源强度比2010年下降40%以上，能源消费总量力争控制在40亿吨标准煤左右，主要工业产品能源消耗强度接近和达到国际先进水平。

2030年能源技术效率达到世界先进水平，形成节约型能源消费模式。超低能耗建筑物成为新建建筑物主流，建成高效节能交通体系，GDP能源强度接近发达国家中等水平，能源消费总量力争控制在45亿吨标准煤左右，天然气在一次能源供应量中的比重达到15%左右，可再生能源（含水能）比重达20%左右，核电比重占10%。

三、重点任务

1. “节能优先、总量控制”，大力发展和推广应用节能技术

节能、提效、合理控制能源需求，是能源战略之首。应强化节能优先战略，确立“人均能耗应控制在显著低于发达国家水平”的战略思想，形成节能优先的社会、经济和技术制度，合理构建我国新的节约型消费模式，在交通体系建设、城市布局规划、公共建筑物功能设计、公用能源供应体系建设中，充分体现节能优先和系统节能的原则，保障健康发展。

2015年以前全面完善各种耗能设备和产品的能效标准标识体系，形成逐步提高的先导性标准体系并全面实施。

降低钢铁、乙烯、平板玻璃、合成氨、烧碱、水泥、铝等主要工业产品能源消耗强度。发展和推广高效节能汽车，建设城市和城际高效节能运输体系，低能耗汽车（百公里油耗5.4升以下）2030年以后达到90%以上。推广新一代节能照明系统，发展家电节能技术，2030年主要家用电器的能效水平提高30%—35%。有效控制城镇建筑总体规模，2020年前每年城镇新开工建筑面积不超过6亿平方米；建设高效热电（冷）联供系统，使我国北方城市采暖总能耗到2030年控制在1亿吨标煤以内；发展基于分散式热泵的采暖空调方式解决长江流域住宅室内环境控制；实施全过程用能定额管理控制大型公共建筑能耗，使我国城镇建筑能耗总量在2030年控制在8亿吨标煤以内。

2. 煤炭的科学开发和洁净、低碳、高效利用

为保障煤炭可持续开发和友好应用，要加强煤炭资源精细勘探和煤质的系统评价。加强煤矿安全技术、装备与管理的研究以保障煤矿安全生产。为降低中国煤炭产业的环境危害，要开展同步开采与复垦技术、煤炭废弃物最小化技术、采矿与洗选过程的水资源保护与利用技术、“充填开采”技术、“煤与瓦斯共采”等技术的研究。以信息技术为基础，进一步加大煤矿开采技术与装备的升级，在2020年使我国煤矿开采基本实现机械化，2030年在一些条件复杂

煤矿生产中实现无人机械化开采。加大煤炭清洁利用技术的研发应用与推广，重点研究与应用煤炭清洁高效燃烧、煤基发电和煤化工联合、煤气化和煤化工转化利用技术，主要包括超超临界发电技术、整体煤气化联合循环、高效清洁的分布式燃煤技术、多联产核心技术、煤基固体氧化物燃料电池技术。鼓励直接和间接煤制油技术的商业化研发，在将来国际油价长期居高不下时可考虑该技术在国内的推广。同时，研发高效的碳捕集和利用技术，探索其商业化应用的经济可行机制。

3. 确保石油、天然气的战略地位，把天然气作为能源结构调整的重点之一

加强岩性、前陆、海相碳酸盐岩和成熟盆地精细勘探等领域的油气勘探开发，大力发展低品位石油资源大规模有效开发利用技术；进一步加强海上石油勘探和开发，掌握深海油气勘探开发核心技术和装备制造，加强深海油气开发的环保、事故处理技术和能力。保持原油产量稳定增长，发展节约和替代技术，使我国石油自给程度保持在1/3以上。

稳步推进石油替代液体燃料发展，以生物二代醇类燃料为突破重点，争取2030年石油替代液体燃料达到0.5亿吨左右。

大力发展天然气，使之成为清洁能源支柱。2030年国内天然气产量争取达到3000亿立方米（含煤层气）以上，保持长期稳产至2050年；通过陆地管道气与沿海LNG并重发展，使得天然气进口规模达到1500亿立方米左右；积极推动煤层气、页岩气规模化开发利用，使非常规天然气成为重要的补充气源。

4. 积极有序地发展水电，大力发展非水可再生能源，使可再生能源成为我国绿色能源支柱之一

2030年前以水电作为绿色能源支柱，积极进行开发，确保环境生态移民，增加调整电源结构和电网调峰能力。2020年全国水电装机容量达到3.4亿千瓦，2030年基本完成常规水电资源大规模开发，水电装机约4亿千瓦，平均年可利用时间达到4000小时以上。

支持非水可再生能源规模化发展，稳步精细发展风能、太阳能、生物质能、海洋能、地热和天然气水合物等，培养新的绿色支柱能源。到2020年争取使非水可再生能源对一次能源有一定贡献，全国累计风电装机容量达1亿—1.5亿千瓦，太阳能发电累计装机容量达到1000万—2000万千瓦，并网太阳能发电的成本降至0.8元/千瓦·时以下；2030年前后，建立起国际领先的风电、太阳能技术与产业体系，风电累计装机容量达到1.8亿—3亿千瓦，太阳能发电和风电成为新增电源主力之一；第二代生物质交通燃料技术开发成熟，生物质能资源利用基本转向生产液体燃料和石油替代产品，实现较大规模、可持续的商业化生产应用。

5. 积极稳妥地发展核电，使核电成为重要的发电能源和一次能源支柱之一

按照压水堆—快堆—聚变堆“三部曲”的基本路线图，在确保安全的前提下稳妥地发展核电，高度重视从核资源—核燃料—核电站—后处理—核废物处置全产业链的配套协调发展。2020年总装机容量达到7000万千瓦以上，2030年总装机容量达到2亿千瓦，占一次能源的10%以上。2020年前，以我国已掌握技术的二代改进压水堆为主力机型，实行产业化批量规模建设，尽早实现关键部件国产化；积极研发第三代核电技术，争取较快实现示范、验证、定型标准化发展过程，研发具有自主知识产权的三代品牌机型；及时发展核燃料循环技术，争取在2025年左右开始实施由开式循环向闭合循环发展；发展海水提铀和核能多元化利用技术；抓紧四代核电技术的开发，尽快掌握快中子增殖堆核电技术及快中子堆核燃料循环技术，2020年左右建成商业示范堆，争取2030年具备商业实用能力。

从战略高度解决铀资源和核电燃料供应问题，尽快制定我国铀资源开发、储备、加工战略，并依照核电发展规模，制定铀资源发展规划。

6. 发展中国特色的高效安全（智能）电力系统以及适应新能源的分布式用电方式和储能技术

尽快制定国家层面的电网和电源发展规划，2020年前重点解决电网合理布局、高效输配、优化调度、增强保障度、有效降低经济成本等问题。加强配电网建设和智能化，完善高电压等级输电技术；加强远距离、大规模输电能力，构建技术先进、安全可靠、灵活高效的输电平台；积极发展储能技术，提高电网对间歇性电源的接纳能力，解决大规模应用非连续电源接入电网的技术经济可行性问题。

2030 年完成适应集中与分散清洁能源接入、实现电网供电与用电终端互动的智能电网建设，电网主要技术装备水平和技术经济指标达到或领先国际先进水平，通电率达 100%。

第二节　合理持续资源工程科技重点任务

一、矿产资源

1. 发展思路

以资源－经济－环境相协调为核心，以安全生产为基础，向矿山生产高效化、智能化、数字化以及提高矿山废弃物的综合利用水平方向发展。通过矿产资源勘查理论和技术创新，加强紧缺资源的深部找矿，增加可采资源量；重视优势资源保护和矿产品的深加工利用，通过深部、贫矿、难采选矿、海洋采矿和提高现有矿山产能等技术创新，稳定并争取提高大宗消费矿产资源自给率；配合再生金属、循环经济行业的发展及实施全球矿产资源战略，保障国家经济安全，促进矿业可持续发展。

2. 发展目标

2020 年以前，现有矿区及外围找矿以 1000—1500 米深度矿产为主要目标，发展可产生明显地球物理异常的大宗消费紧缺矿产及大成矿体的地质勘查技术；新区找矿以 500—1000 米以浅的矿产为目标。

矿产开采和综合利用工程科技发展目标如表 1 所示。

表 1　矿产开采和综合利用工程科技发展目标

目标指标	2020 年			2030 年		
	Ⅰ类	Ⅱ类	Ⅲ类	Ⅰ类	Ⅱ类	Ⅲ类
技术、装备达标矿山比重（%）	＞85	＞65	＞50	＞95	＞85	＞70
环境保护、治理及安全生产水平达标矿山比重（%）	＞80	＞60	＞40	＞90	＞80	＞60

注：Ⅰ类矿山为重点中大型矿山，Ⅱ类为中等水平矿山，Ⅲ类为小型矿山。

3. 重点任务

（1）加强新区隐蔽矿与深部矿产勘查，实现找矿突破

加强新区隐蔽矿和深部矿勘查，开展找矿战略方向和战略选区研究，矿产成矿理论、找矿理论、成矿模式与成矿系列等深化研究，勘查技术方法与技术装备研发，综合勘查技术的创新应用以及高效合理的勘查工程施工等。

（2）矿产开采和综合利用

Ⅰ类重点大型矿山：建立远程遥控和自动化采矿示范工程，解决废料资源化，实现环境友好型开采，达到世界一流水平；Ⅱ类中等水平矿山：通过实现设备大型化、液压化、无轨化，改进工艺技术，提高现代化水平，落实生态修复、环境治理的技术；Ⅲ类小型矿山：通过整合重组，重点解决安全生产和资源充分回收的问题。

（3）矿产资源高效、安全、清洁、循环、经济开发利用

重点发展共伴生矿石高效清洁利用技术，低品位、难采矿、深部矿的高效经济开采技术，无废开采技术，优势资源的保护性开采利用技术等，加强再生金属生产和循环经济园区建设，发展海洋、二次等资源和替代资源。

二、水资源

1. 发展思路

坚持科学治水，紧紧围绕洪涝灾害、水资源短缺和水环境恶化三大水问题，落实“从传统水利向现代水利、可持续发展水利转变”的治水新思路，重视民生水利，实施水利水电工程科技创新计划，加强水利水电工程基础研究和宏观战略问题研究，坚持学科交叉、综合和渗透，支撑与保障水资源、水利水电的全面、协调、可持续发展。

2. 发展目标

（1）水利资源

到2020年，全国用水总量力争控制在6700亿立方米以内；全国万元国内生产总值用水量、万元工业增加值用水量分别降低至120立方米、65立方米，均比现状降低50%；农田灌溉水利用系数从0.48提高到0.55；城市供水水源

地水质基本达标，主要江河湖库水功能区水质达标率提高到80%左右。到2030年，全国用水总量高峰力争控制在7000亿立方米以内；全国万元国内生产总值用水量、万元工业增加值用水量分别降低到70立方米、40立方米，均比2020年再降低40%；农田灌溉水利用系数从0.55提高到0.60；江河湖库水功能区水质基本达标。

（2）水电资源

到2020年，建立水电规划环境影响评价理论框架，形成生态水电开发模式。到2030年，实现大型水电工程的科学合理统一调度，保障水电工程的抗震安全与高效运行，满足防洪抗旱、发电、航运、环境以及生态协调可持续发展要求。

3. 重点任务

（1）西南多震地区高坝大库抗震安全技术

重点研究高坝抗震安全技术，深入研究坝址地震动输入机理、坝体地震响应、坝体和坝基材料动态性能和抗力等。

（2）长江上游大型水电站库群安全高效运行

重点开展长江上游干支流水电站库群之间防洪、抗旱、发电、航运、生态环境等功能的协调关系研究，流域综合管理体制构建，全球气候变化背景下的流域水文预报模式、大型梯级水库泥沙冲淤规律和调度技术研究等。

（3）水资源可持续发展和城乡水资源高效利用技术

人类活动影响下的流域水循环演化机理与水资源演变规律、流域水资源系统对全球气候变化的响应、重大水工程影响评估和预测、流域人水地关系的调控模式与策略研究；水文过程与生态系统演替的耦合关系及生态环境需水研究；流域水资源承载能力与流域多水源的科学配置、区域产业及跨流域调水工程的水资源及生态环境效应、饮用水源的水质安全与保障技术；水资源循环再生利用、综合节水和水资源高效利用技术；海水淡化和海水综合利用新技术；地下水资源的开发利用与保护技术，包括人类活动影响下大尺度区域地下水系统的演变趋势与资源生态效应、地下水开发利用的环境效应及地下水污染修复、深层地下水补给机理与超采区恢复战略等；受人类活动强烈影响的设计洪水和设计径流计算方法研究。

(4) 城市与农村水利技术

节水防污型城市的技术，包括城市河湖生态修复及生态景观建设、生态工业园区建设中水的3R技术；城市水资源综合管理技术；农业节水技术，包括农田水分高效利用的应用基础研究、区域水土环境改善及农业用水优化配置技术、农业污水资源化处理技术、现代高效节水灌溉技术、作物高效用水的生理学与分子生物学基础；排水及水环境技术；防洪排涝合理协调研究；涝渍综合防治工程技术体系及信息技术应用；盐碱地治理技术；灌区现代化技术；农村供水工程技术；牧区水利技术，包括水草畜平衡与草原生态环境容量研究、水资源优化配置关键技术、不同类型草地区域生态需水综合节水关键技术、人畜用水安全保障技术研究等。

(5) 大江大河大湖科学利用和生态维护技术

长江流域治理，重点为长江水环境治理、长江口治理，主要包括长江防洪战略与保障体系、长江水资源综合利用战略、长江水域生态和环境保护战略、长江干线航道及长江口深水航道治理研究；黄河流域治理，重点为黄河泥沙治理、黄河口治理，主要包括中游水土保持、利用小浪底等水库实施水沙调控、下游滩区挖沙疏浚河床、全流域节水治污等。

第三节　全程防控环境工程科技重点任务

一、发展思路

以支撑服务国家经济社会可持续发展、应对全球变化、全面改善环境质量、保障环境健康为目标，推进环境污染全过程控制与循环经济模式构建重大科技战略，建立源头污染减排、资源循环与全过程污染控制、生物碳汇扩增和生态环境质量全面改善的先进技术体系，大力发展战略性环保高技术产业，实现清洁生产技术跨越式发展，推进环境保护方式实现由末端治理向全过程控制的根本性转变，全面构建循环经济。

二、发展目标

到2020年，在清洁生产、污染减排、环境修复、环保装备等关键技术方面做出突破性成果，点源污染得到有效控制，区域环境质量得到明显改善，生物碳汇有效扩增。

到2030年，在区域、流域、城市群等大尺度的污染控制与修复工程技术取得重大进展，污染物排放总量得到全面控制，基本完成环境保护的历史性转变任务，实现环境与经济同步、并重，经济发展与环境保护高度融合。

三、重点任务

1. 全面推进重点行业控源减排—污染全过程控制

大力发展清洁生产、循环经济，统筹环境承载力和经济社会发展模式，全面推动污染防治从末端治理向以源头减排为主的全过程控制转变。针对钢铁、有色、化工、石化、建材、煤电等重污染行业，设计先进清洁生产路线图，对原料、生产、加工、消费、循环的全过程进行控制，发展从污染物产生源头到末端排放的源头减量—全过程污染控制—末端治理一体化集成技术、资源循环/废弃物最小化/产品高值化与工农产业生态链接技术，实现清洁生产技术的原始性创新与跨越式发展，支撑重点行业绿色化技术升级，从根本上减轻环境压力。

2. 发展区域环境综合防治与质量改善技术

以削减重点污染物排放总量为主线，围绕水、气、土壤和固体废弃物处理和修复，推进以源头减排为主的水、气、土壤及固废污染全过程治理，以及由点源到面源污染控制的系统化和集成化技术。水环境质量改善方面，重点发展重点工业行业高浓度难降解废水处理技术、高浓度工业废水资源化技术、经济高效的废水深度处理及回用集成技术、饮用水安全保障集成技术及污泥处理与利用技术等。大气环境质量改善方面，开发研究多种污染物（颗粒物、硫氧化物、氮氧化物、挥发性有机物等）协同减排技术。固体废弃物处置方面，重视源头减量—全过程控制—废弃物资源化的新技术开发与成套装备研制；土壤修复方面，重点开发多技术联合的土壤原位修复技术、土壤与地下水一体化修复技术等。区域污染全过程控制方面，分别从源头削减、过程阻断、质量修复等多方面开展污染全过程防治技术，全面控制区域内工业点源排放污染物，发展区域面源污染全过程综合防治技术、面源污染物输运过程与阻断技术等，开发切实可行的区域清洁空气/水体/土壤/海岸带污染控源—微污染修复一体化技术。

3. 完善生态环境全方位监控系统，构建生态保护与恢复技术体系

加大生态保护、生态修复及生态建设力度，逐步恢复和提升生态脆弱/生态退化区域的严重受损的生态功能。建立生态系统和环境质量全方位立体监测系统，形成国家生态环境系统监测、监控和预警网络。发展退化生态系统恢复与重建技术，脆弱生态系统/生物多样性保育，生态保护与恢复衍生产业技术，以及大型基础设施建设工程的生态安全保障技术与示范等。

4. 积极应对全球环境变化，推进国际履约能力建设

发展先进的数值天气模式和地球系统模式，科学预测全球和中国地区未来的气候变化及其影响；研究中国天气灾害与气候变化影响的关键脆弱区的适应技术和工程措施；进一步提高气象观测系统能力，发展卫星和雷达定量遥感技术，改进和增强气象防灾减灾监测和预警系统；研发试验温室气体和气溶胶减排新技术；发展气候资源开发技术。

研究二氧化碳减排、捕集和封存技术，建立多过程集成与资源化循环利用的二氧化碳固定技术体系；研究生物碳汇综合扩增技术，实现生物多样性保护和生物遗传资源的惠益共享；开展典型行业持久性有机污染物、汞、铅排放检测、控制和替代技术。推进国际履约科技工程建设。

5. 建设三维智能化环境监测预警网络体系，推进突发环境污染应急系统建设

建立先进的环境质量立体监测系统、区域环境质量风险技术体系与风险应急监测体系。在区域空气质量监测、评估与预报技术方面，开展VOCs/空气二次污染等污染物实时监测技术、区域大气监测网络数据平台及质量控制和评估体系等研究；在水环境在线监测技术与设备方面，开展水中新型污染物POPs/金属形态/环境激素等监测技术，湖泊/水库富营养化在线监测技术与设备等研究；在土壤环境监测技术与设备方面，开展基于新型化学/生物传感器的土壤环境污染快速监测技术，土壤污染诊断/风险评价技术与产品等研究。开展优先污染物和新污染物监测技术、立体综合监测遥感遥测技术、环境预警与应急技术、远距离传输污染监控技术研究，以及荒漠化/生态退化与珍稀物种全方位监测网络、气象观测系统与灾害风险预警网络建设等。

针对环境质量全面监测预警的迫切需求，瞄准国际先进监测技术方向与未来国家环境监控指标体系建设，开发交叉集成生物芯片、纳米生物和生物传感等多类型传感器共性技术，多元污染自动在线监测共性技术与设备；发展地基、车载、机载和星载的各种新型生态环境监测与遥感技术，开发星地协同监测关键共性技术。针对突发污染事件研发机载监测共性技术设备，形成特殊环境及区域尺度下的环境应急监测与综合预警能力。

6. 加快新兴环保产业技术支撑体系建设

在环保重大装备方面，重点开发清洁空气用标准化成套设备、水处理核心与成套设备，污染土壤快速修复核心设备等，实现整套设备标准化、自动化、智能化；在监测仪器与设备方面，重点研发推广基于地基、车载、机载等多平台的新型环境遥感和环境质量立体监测系统等；在高性能环保材料方面，重点研制推广在大气、水体、土壤和其他环境治理及修复方面的具有完全自主知识产权的高效功能材料与绿色药剂等；在环境技术服务方面，提升环境服务业技术水平，形成环保科技创新产业化平台，为我国环保高技术产业的大规模发展提供服务平台。

第四节　泛在智能电子信息工程科技重点任务

一、发展思路

未来 20 年，通过合理部署新一代互联网、物联网、云计算、高端器件、认知计算、神经工程、量子计算、信息化推广等方面的基础研究项目及重大工程，在核心技术上取得突破，总体进入国际先进行列。大力提升以芯片和高性能计算机为首的信息设备和高端器件基础技术实力，促进信息与多学科交叉领域技术的发展，增强自主软件系统及信息服务产业的国际竞争力，全面推广信息化技术在经济社会发展中的应用，建设普惠、泛在、安全的信息社会。

二、发展目标

2020年，基本实现信息产业科技的整体性突破和跨越式发展，在重要信息科技领域拥有大量自主知识产权的核心技术，实现关键产品的基本自给，初步进入信息产业科技先进国家行列。集成电路、软件和关键元器件、电子专用设备仪器和电子材料的研发和生产取得阶段性突破，拥有一批核心专利与标准，集成电路自给率显著提高，电子元器件技术达到21世纪初世界先进水平；未来网络、新一代移动通信、物联网、三网融合、云计算、集成电路、新型显示、数字电视、家庭网络、智能终端、汽车电子、无线射频识别（RFID）和传感网络、网络信息安全、高端软件、信息技术应用与信息服务等重点领域实现突破，形成一批具有自主知识产权的核心技术和创新产品，形成完整的产业链。

2030年，显著提升信息产业科技的整体水平，确立科技引领的产业发展模式，在国际竞争中掌握更多主动权。建成我国无所不在的信息网络体系，提升智能宽带无线网络、网络超级计算、先进传感与显示和先进可靠软件技术，走出一条普惠、可靠、低成本的信息化道路，使我国全面进入信息社会，社会信息化总体接近世界发达国家水平。

三、重点任务

1. 基础元器件与高端仪器仪表

在集成电路设计方面，突破关键技术及产业化技术。重点支持计算机及网络、通信、数字音视频、智能卡、工业控制、汽车专用等芯片设计；大力发展高性能专用芯片设计技术、集成电路封装测试技术；主要发展球栅阵列封装、系统级封装、芯片级封装、方型扁平无引脚封装、倒扣封装等集成电路新型封装测试技术；加强高性能嵌入式微处理器技术、超大规模片上系统（SoC）芯片设计技术、多核异构CPU架构技术等数字多媒体芯片技术研究。

在传感器件方面，研制开发新一代传感器，突破传感器微型化、智能化、网络化技术，积极推进传感器件在消费电子、仓储物流等未来传感网产业高速增长领域中的应用。在基础元器件方面，按照片式化、微型化、集成化、高性能化及环境友好型的发展方向，突破低温共烧陶瓷、电磁兼容、高精度高性能传感器、绿色环保等关键技术，重点发展微小型表面贴装元器件、高端印制电路板及覆铜板、新型绿色电池、新型半导体分立器件、高亮度发光二极管、高性能传感器与敏感元件、新型机电组件等行业产品。

新型芯片研究方面，抓紧突破量子计算、自旋电子计算、分子计算、DNA计算和光计算等前瞻性系统技术，开发自主基础器件。

在高端制造业仪器仪表方面，结合高端制造业和重大工程项目突破共性关键技术，主要针对微纳尺度（极小）、超大尺度和高温、高压、高动态等极端条件下的精密、超精密测量和传感器技术开展研究，形成自主知识产权的高性能仪器仪表产业。在生命医疗与食品卫生仪器方面，研发具有自主技术的生命医疗仪器和食品检测仪器，全面提高国际竞争力，实现医疗信息网络化、健康监测仪器智能化、医用设备标准化、医疗服务个性化、紧急救助网络化和食品检测体系化。在深空探测仪器方面，突破和掌握核心深空探测仪器关键技术，重点设计研制深空环境下的高性能自主导航、粒子探测、中子探测等仪器。

2. 新一代信息网络

未来网络。突破未来网络中关系网络通信能力的逻辑承载网技术、光传送网的光域传输交换和电域控制技术、多种方式融合的高效接入网技术、综合性交互式业务网技术、网络架构安全及应用安全技术等核心技术，进入国际先进行列。

物联网。推动感知识别和智能边缘组网、物联网架构、软件应用集成及智能计算处理、物联网网络与信息安全等关键技术突破，构建传感器、RFID、终端到终端（M2M）通信等的标准体系，加快物联网核心产业发展，构筑完整产业链，推进并深化智能电网、智能交通、智能物流、智能家居、环境与安全检测、工业与自动化控制、医疗健康、精细农牧业、金融服务业等重点领域应用。

空间信息网络。拓展临近空间领域，开发高空信息平台，并研发在通信、广播、遥感、应急防灾或科学探测等领域的应用技术。针对深空环境下信息传输的特殊制约性，建立高效遥测遥感信息及相关通信信息的传输理论，构建深空环境下的协同传输架构，结合我国深空探测工程，为我国深空探测提供信息传输支持与保障。

3. **信息处理**

云计算。加大对信息技术和云计算教育科研的投资，形成云计算产学研的良性循环。建立自主的云计算产业链，与全球云计算产业互动及参与市场竞争。借助云计算等信息技术，实现我国产业结构向以智力和创新为主的新经济体系转变。

认知计算和神经工程。将脑科学成果与信息技术领域的具体问题结合，催生“基于脑的信息处理技术”，实现大脑与机器之间自然和高效交互。研发一批与神经认知、医疗保健等密切相关且具有自主核心技术的信息系统和医疗设备。

量子计算。积极开展量子信息研究；建立量子计算机中长期规划，力求突破量子计算机硬件技术，实现量子计算终端；在核磁共振量子计算、固态量子计算等多个领域进行实验研究，完成量子计算机关键技术研发实验，推出实用性的量子计算机，进行高可靠性的量子计算和多比特物理体系的量子模拟。

4. **基础软件与信息服务**

集中力量、加大投资，在操作系统、数据库、中间件等方面实现重点突破，掌握自主知识产权的基础软件核心关键技术，提升国产基础软件的成熟度和实用性。加速发展工业软件和行业应用解决方案，鼓励工业企业应用软件技术，加强国产软件的推广应用。

5. **信息化应用**

工业信息化。重点开展自动化控制系统、自动化控制装备、关键应用与支撑技术、节能减排控制与优化技术、质量与安全检测控制技术、智能化设计制造管理系统、国产化工业软件开发及应用研究。

数字农业。重点发展农业信息获取技术、农业精准管理技术、智能化装备、国家农业信息服务网络、农业虚拟化科研信息环境、农业物联网技术。实现农业生产过程的实时监测，提高农业生产经营精细化管理水平。

数字医疗。具体将针对医疗网络关键技术与标准、基于内容的图像检索、增强现实与虚拟现实、新型算法、图像处理、新型传感、人机接口等技术开展研究。

数字城市。主要研究地理空间数据同化理论、方法与技术，基于网格的城市信息资源共享与协同工作技术、数字城市三维技术集成应用技术，基于网格的连续运行参考站系统（CORS）动态定位服务技术、数字城市智能服务技术等一系列前沿工程科技问题。

数字防灾减灾。主要包括对地观测技术、数字防灾减灾体系、灾害应急保障技术、灾害信息共享与服务技术、全球变化与灾害预测预警技术等研究。

第五节　关键新材料工程科技重点任务

一、发展思路

新材料是高技术产业发展的物质基础和先导，是事关国家安全的战略性产业。围绕能源、信息、国防安全、重大工程、先进装备、人口健康、环保与低碳经济等战略需求，重点突破信息材料、能源材料、稀土功能材料、先进交通及航空航天材料、生物医用材料、新型复合材料、纳米材料、超导材料以及资源与环境友好材料等领域工程科技的核心技术，保障关键材料的有效供给。着力提高新材料工程科技的自主创新能力，加强新型算法及软件、高通量检测、数据库和应用验证等研发平台建设。积极推广新材料的节能环保绿色制造流程和可再生循环利用，为建设资源节约型、环境友好型社会提供支持。推动实施新材料产业化工程，支持国家战略性新兴产业发展，重点解决新材料规模化生产工艺、装备、节能及环境友好技术等问题，大幅度提高我国新材料产业的国际竞争力。

二、发展目标

2020 年，通过自主创新，掌握大量关键新材料的核心技术，推动关键装备的国产化，突破工程化技术，完善系统集成技术，缩短与世界先进水平之间的差距；建立新材料设计、检测、验证的工程科技研发平台与数据库，加强新材料工程化体系建设，实现关键新材料的批量生产，基本满足国家重大工程、国家安全等领域的需求。

2030 年，实现新材料大规模绿色制造和循环利用，满足新一代信息技术、能源、生命与健康等人本环境的需求，建成新材料工程科技的创新体系。新材料工程科技达到国际先进水平，绝大部分关键新材料实现国产化，完成由材料大国向材料强国的战略性转变。

三、重点任务

1. 加快信息领域关键材料的工程化进程，大力发展新一代信息功能材料，进一步促进传统产业根本性的变革

突破硅及硅基材料、第三代半导体材料、新型存储材料的关键制备技术，建立微电子关键配套材料工程化技术体系；突破低维硅基光电子器件及芯片集成的工程化技术，掌握纳米硅自主知识产权；攻克半导体照明材料共性关键技术，实现在大尺寸液晶背光、室内外普通照明中的规模化应用；突破现有光电功能晶体材料产业化制备技术，实现新一代人工晶体的商业化应用，满足全固态激光技术及其他光电信息技术的发展需求；突破有机/高分子、有机/无机复合材料等多种光电材料体系的工程化技术，实现在信息传输、处理、存储、发光及显示等方面的应用；突破高端传感材料的工程化技术，实现物联网关键传感器器件的规模化应用；突破信息功能陶瓷关键材料的制备与集成技术，实现高端陶瓷元器件材料国产化。

2. 发展具有自主知识产权的能源材料，完善并加强材料体系建设，实现新能源材料和节能材料的大规模应用，支撑核能与新能源的发展

大力发展具有自主知识产权的太阳能光电、光热利用材料、动力电池及储能电池材料、新一代储氢合金及燃料电池用材料、锆合金材料、核电用大型铸锻件；自主开发和推广应用新型建筑节能墙体材料及节能玻璃产品；大力促进用于智能电网的非晶合金等节能材料产业化技术发展，发展新一代的超超临界耐热材料。

3. 突破高性能稀土功能材料的工程化技术，形成具有国际竞争力的稀土产业

围绕稀土分离提纯，磁、光、电、催化等高端稀土功能材料以及高附加值应用器件产业链，开发具有世界领先水平的高效清洁稀土提取产业化技术，保障稀土产业的健康可持续发展；开发具有自主知识产权的高端稀土磁性材料、发光材料、催化材料、储氢材料产业化技术，促进新能源汽车、风力发电、节能照明等产业的发展；发展新型稀土材料，改善稀土应用结构，缓解稀土应用不平衡问题。

4. 加快先进交通及航空航天材料的产业技术升级，为我国重大工程的实施和高技术产业的发展发挥基础和先导作用

发展新一代的铝合金、钛合金以及镁合金等高性能轻合金的工程化制备技术，满足先进交通及航空航天材料的需求；发展高性能高温合金涡轮盘和叶片的工程化技术，推进轻质高温材料的工程应用；突破高性能碳纤维批量稳定制备技术，实现新型复合材料的产业化发展；全面掌握高铁、船舶、汽车、海洋工程用钢铁材料的产业化技术；掌握航空航天用难熔金属材料的工程化技术。

5. 掌握新一代生物医用材料的工程化技术，促进现代医疗器械科技与产业的发展，大幅度提升生物医用材料产业的国际竞争力

突破生物医用材料和制品的工程科技瓶颈，发展金属、陶瓷、高分子等新一代医用材料及植入、介入产品，建立研发、测试、应用验证的技术平台和基础医用材料的生产基地，改变高端生物医用材料及其制品依靠进口的局面，形成现代生物医用材料的产业体系。

6. 推进纳米、超导材料以及资源与环境友好型材料的工程化进程，实现产业化

建设纳米材料研究创新平台和工程化基地，研发纳米复合材料、纳米结构功能一体化等纳米材料，实现纳米材料在信息、新能源、催化、生物医药领域中的产业化应用；突破 YBCO 超导带材和 MgB_2 线材规模化制备技术，开发铁基及新一代的超导材料，实现超导器件在民用和国防领域的产业化示范应用；大力推广铅、汞、六价铬、镉等有害元素的替代技术，研发廉价的合金材料替代铂、钯、铑、铱等贵金属，实现贵金属材料、稀缺材料的节约使用和替代利用，以及上述有害材料的全面替代。

第六节　高端绿色装备工程科技重点任务

一、发展思路

以推动原始创新、引领绿色技术、拓展国际空间、打造主导品牌为原则，重点发展基础与共性技术、基础零部件、核心元器件、基础性和关键装备、重大成套装备的核心技术，突破发展瓶颈。

分阶段、分批选择具有优势的产业、产品和技术率先突破，使之处于国际领先水平。

超前部署高端装备发展，推进信息技术向制造技术的深度融合，促进设计技术的现代化，加工制造的精密化、快速化、柔性化、智能化，制造过程的网络化、全球化。

注重发展设计、成套和制造服务等产业价值链高端的技术，形成绿色、智能、网络制造和服务体系，大幅度提升我国制造业的技术水平、自主创新和自主发展能力。

二、发展目标

2020 年，装备制造工程科技部分进入国际先进行列，形成一批国际知名品牌和专利，以我国为主制定的国际标准数量有较大增长。部分行业如发电、特高压输变电、石油化工、钢铁冶炼技术与装备及成套工程、港口机械设计、制造等技术达到国际先进水平，国民经济所需重大成套装备由国内制造和集成比例达到 80%。开发出具有自主知识产权，满足产业化需求的新能源汽车动力电池、驱动电机等核心总成技术，新能源汽车市场占有率达 20%。掌握绿色船舶、绿色海洋工程装备的核心研发技术，提高自主研发新型海洋装备的制造能力，年制造量占世界市场份额超过 20%。

2030 年，装备制造工程科技总体水平达国际先进，部分领域处于国际领先。主要行业产品关键设计与制造技术立足国内，重大成套装备、高技术产业和战略性新兴产业等所需基础零部件和装备能满足国内市场90%以上需求。汽车设计与制造技术达到世界先进水平，经济型轿车、中档轿车和商用车开发能力和产品质量进入世界前列，高档自主品牌轿车整车品质接近国际先进水平。造船工效、利润率、能耗与减排率达世界领先水平，海洋工程装备年制造量占世界市场份额超过35%。完成250座级宽体飞机工程研制及产业化，完善我国民用客机的产品谱系。

三、重点任务

1. 新型能源、资源与环保装备

新能源装备及其设计、制造技术，包括核能设备、太阳能设备、近海大功率风力发电设备、潮汐与波浪发电设备、智能电网与储能技术与设备、海水渗透能设备等；资源开发设备，包括海洋资源与能源开发设备、特深层大陆油气资源勘探和开发设备、深层煤炭勘探和开发设备；环保与资源综合利用技术与设备，包括海水利用技术与设备、碳捕获与存储技术与设备（CCS）、高碳能源低碳化利用技术与设备、垃圾焚烧新技术与设备、余热余压高效利用技术与设备。

2. 绿色过程制造成套装备

在自主集成创新的基础上开发新一代钢铁流程，通过流程优化，节约能源，降低污染，消纳社会大宗废弃物，走循环经济道路。重点开发120万—150万吨/年蒸汽裂解制乙烯成套工艺技术与装备、大型煤化工设备以及新一代钢铁流程工艺与设备。

3. 高端基础零部件与基础装备

高档数控机床与基础制造装备及其设计与制造技术，包括微型、特精、超大加工设备；超大、精确成形设备以及非金属材料成形和加工设备等。新型基础零部件及其设计与制造技术。

4. 仪器仪表自主开发及产业化

科学仪器、智能仪表与自动化系统，包括科学仪器、传感器与智能仪表、环境污染的自动在线远程监控系统和工业自动化控制系统；生命健康与医疗诊断器械及其设计制造技术，包括移动健康监测数字医疗设备、用于医疗的微型机器人、无人健康诊断系统、针对老年人及患者生活自理需要的服务机器人。

5. 现代农业设备

现代农业设备包括与农业新技术相适应的农业设备、农副产品深加工技术与设备、食品饮料加工技术与设备、节水和精准农业装备和农业生物质资源化利用技术与设备。

6. 交通运输装备

绿色船舶，包括船舶节能环保配套设备技术、船舶新型能源动力技术、船舶设计与运营能效指数（EEDI、EEOI）技术、基于实船测试的船舶可靠性设计新技术和船舶节能环保动力设备技术；轨道交通装备，包括列车高速运行实时安全控制、动态预测评估关键技术研究与应用和城轨交通装备能量转换、储存、循环利用技术研发与应用；宽体客机，包括飞机机体关键技术、发动机关键技术、材料与制造关键技术、机载设备关键技术和适航性关键技术；新能源汽车大规模产业化，包括私人用小型电动车技术，充电站等基础设施建设技术和电池、电机、控制器等核心总成技术。

7. 共性技术

数字化、网络化、智能化技术，包括设计与制造技术、性能试验技术、设计数据的实验采集及数据库建设、大型/特种装备运行过程的故障与可靠性预测、安全保障和故障自愈技术以及装备的能量转换技术；绿色制造技术，包括超精密、超高速、超常能量条件下制造加工及综合保障技术，装备产品的节能和再制造技术；大型复杂成套装备的系统设计和集成技术，包括流程工业成套装备集成技术和复杂成套装备系统可靠性技术。特种制造技术，包括生物制造技术、微纳制造技术以及特大型及关键零部件的成形与加工技术。

第七节　绿色循环流程工业科技重点任务

一、发展思路

未来流程工业工程科技发展包括三大路径：通过工艺流程技术和结构的升

级优化解决能源节约、污染和 CO_2 排放控制问题；提高产品性能和生产环境友好的材料，延长产品寿命周期，降耗减排；发展循环经济，整体提升流程工业的节能减排和环境友好水平。

实施创新科技、结构调整战略。科学合理地实行总量控制，通过技术创新支持结构调整，坚决淘汰落后生产能力。

实施高效节能、绿色制造战略。开发高效率、低消耗、低排放的绿色制造流程，形成若干有重大标志性与原创性的工艺、技术、设备，实现资源的合理和充分利用。

实施重点跨越、创造新品战略。坚持整体推进、重点突破，急需先行，开发技术含量和附加值高、使用寿命长的新材料、新产品。

实施清洁生产、环境友好战略。坚持过程控制、源头治理，实现生产清洁化、产品清洁化，开发“三废”深度处理资源化利用技术，全面建设环境友好的流程工业。

实施集成优化、循环经济战略。突破行业壁垒，开发覆盖流程工业的物质流、能量流、信息流的集成优化技术，为构建循环经济提供支撑。

二、发展目标

绿色循环流程工业工程科技发展目标如表 2 所示。

表 2　流程工业发展目标表

领域	发展目标	2020 年	2030 年
石油化工	轻油收率/%	78	81
	车用汽柴油质量	达到欧 V 排放标准	与当时欧盟排放标准接轨
	原油加工能耗/（千克标油/吨）	60	55
	乙烯生产能耗/（千克标油/吨）	550	500
	污水深度处理回用率/%	70	95
	排放烟气中 SO_x、NO_x 含量	达标排放	达标排放
	单位产品 CO_2 排放量比 2005 年降低/%	15	20

续表

领域	发展目标	2020 年	2030 年
煤化工	现代煤化工技术	达到世界先进水平	整体达到世界先进水平，部分处于世界领先水平
	现代煤化工煤炭利用效率	达到世界平均水平	整体达到世界先进水平，部分处于世界领先水平
	CO_2捕集、回收利用	部分技术达到世界先进水平，实现工业应用	整体达到世界先进水平，推广应用
基础化工	单位产值能耗比 2005 年降低/%	20	30 以上
	单位产品污染物排放比 2005 年降低/%	20	30 以上
	单位产品资源利用效率	达到世界平均水平	达到世界先进水平
	单位产品 CO_2 排放比 2005 年降低/%	20	30 以上
生物化工	纤维素生产运输燃料技术	成熟并开始推广应用	达到世界先进水平
	生物质生产运输燃料占运输燃料比例/%	5	10
	生物质生产化学品技术	成熟并推广应用，部分达到世界先进水平	达到世界先进水平
	生物质生产生物材料技术	成熟并推广应用	达到世界先进水平
	生物质生产生物材料占合成材料比例/%	2	5
	单位产品物耗、水耗、能耗比 2005 年降低/%	20	40
	单位产品污染物排放比 2005 年减少/%	30	50
	单位产品 CO_2 排放比 2005 年减少/%	30	50

续表

领域	发展目标	2020 年	2030 年
钢铁工业	装备水平和高附加值产品比例	重点企业装备水平达到世界先进水平；高附加值钢材自给率提高到 90%	行业装备水平达到世界先进水平；高附加值钢材自给率提高到 96%
	第三代钢厂所占的比例/%	30	50
	节能减排：吨钢能耗比 2005 年降低；污染排放强度比 2005 年降低	行业吨钢能耗降低 10%，污染排放强度降低 10%	行业吨钢能耗降低 15%，污染排放强度降低 15%
	吨钢 CO_2 直接排放量比 2005 年降低/%	20—25	30—35
	吨钢废钢消耗量/（千克/吨）	300	350
	钢铁工业的能源效率和环境保护水平；全面实施循环经济	前 10 位钢铁企业达到世界领先水平；重点企业达到世界先进水平；矿产资源综合利用率显著提高；循环经济在行业和社会层面的生态链接得以大部分突破并推广	重点钢铁企业达到世界领先水平，整体水平达到世界先进，循环经济取得全面进展
有色金属工业	矿产资源综合利用率；主要有色金属产品单位能耗；主要产品核心技术、重点装备水平	矿产资源综合利用率显著提高；主要有色金属产品单位能耗达到世界先进水平；主要产品的核心技术、重点装备达到国际先进水平	成为世界有色金属科技强国，在多个领域达到国际先进水平，在工艺、装备、自动化、环保方面成为世界上的主要领军者
	节能减排：单位有色金属能耗比 2005 年降低，污染排放强度比 2005 年降低	有色金属行业能耗和污染排放强度分别降低 15% 和 12%	有色金属行业单位能耗和污染排放强度分别降低 20% 和 18%

续表

领域	发展目标	2020 年	2030 年
有色金属工业	单位增加值的 CO_2 排放量比 2005 年降低/%	25—35	35—45
	有色金属工业的能源效率和环境保护水平；实施循环经济情况	历史遗留矿山破坏土地复垦率达到 50% 以上，新建矿山破坏土地复垦率达 90% 以上；硫的综合利用率达到 95% 以上；工业用水循环利用率达到 90%；主要再生有色金属产量达 1240 万吨	主要有色金属再生利用产量超过原生矿产量；实现水的零排放；气体污染得到有效控制；固废得到有效综合利用；危险固废得到有效处置。温和（和谐）有色金属提取技术广泛应用
水泥工业	新型干法所占比例/%	100	100
	单位水泥产品 CO_2 直接排放量比 2005 年降低/%	10—12	16—18
	吨熟料热耗比 2005 年降低/%	15 3. 5—3. 7 吉焦/吨熟料	20 3. 3—3. 4 吉焦/吨熟料
	替代燃料比例/%	12—15	23—24
	替代熟料：有效提高能源效率和固体废弃物资源化利用效率，发展生态建筑材料技术	熟料系数降至 0. 6	熟料系数降至 0. 55
	环保和资源利用水平	行业整体实现实时在线排放检测；重点企业的环境保护水平达到世界领先	行业整体环保水平达到世界先进

续表

领域	发展目标		2020 年	2030 年
玻璃工业	节能玻璃窗与建筑节能合理布局		节能玻璃比率 20%—30%	节能玻璃比率 50%—60%
	节能玻璃窗与建筑节能减排	节能/万吨标煤	3500—5000	12000—15000
		减排/万吨 CO_2	9300—13300	32000—40000
	万元增加值综合能耗比 2005 年降低/%		60	70
	行业每重箱能耗比 2005 年降低/%		15	25
	单位增加值排放量比 2005 年降低/%		30—40	40—50
	污染强度与 2005 年相比降低		行业污染排放强度降低 15%；重点企业环境保护水平达到世界先进水平	行业污染排放强度降低 25%；整体环境保护水平达到世界先进水平
陶瓷工业	提高整体产业装备和技术水平，优化产区和产品结构		80% 以上企业装备和技术水平达到世界先进水平；成为陶瓷生产强国	产业整体装备和技术水平达到世界领先水平
	产品结构		抛光砖生产量与 2005 年相比降低 35%	抛光砖生产量与 2005 年相比降低 75%
	单位产品综合能耗同比 2005 年降低/%		10	15
	单位生产总值 CO_2 排放量同比 2005 年降低/%		20	40

三、重点任务

1. 资源高效利用技术、绿色制造技术及节能减排新工艺新流程开发

石化领域重点发展以劣质渣油沸腾床和浆态床加氢裂化技术为核心的劣质油高效深加工技术，以煤制低碳烯烃、煤制油、纤维素生产运输燃料技术为核

心的现代煤化工、生物化工石油替代技术，石油、煤炭、天然气资源综合高效利用的炼油化工流程集成优化技术等；钢铁领域重点发展能量流网络集成优化技术、低品位难选矿综合选别与利用技术、开发具有自主知识产权的非高炉铁技术（如熔融还原技术）等；有色金属领域重点开发低品位难处理矿产资源高效节能提取技术等；建材领域重点开发水泥生产节能减排、新型生态胶凝技术等；纺织领域重点推进数字化技术、生物高分子纺织新纤维制造技术研发、生态染整和清洁化生产技术攻关和推广。

2. 低成本、高性能、长寿命产品开发

石化领域重点实施全面提升石油产品质量的油品质量升级工程、三大合成材料高性能化的石化产品新品开发与质量升级工程；钢铁领域重点发展洁净钢生产平台技术、资源节约型钢材产品生产技术等；有色金属领域重点发展有色金属高效提取技术；建材重点发展新型高性能绿色混凝土制造技术；皮革领域重点发展无革皮革制造技术及其系列配套化工材料、天然皮革与合成革技术融合、新型清洁皮革材料技术；纺织领域重点突破高性能纤维材料、高技术纺织品制造、适应低碳经济发展需要的纺织品制造等关键技术瓶颈。

2020—2030 年，重点发展基于“分子设计”理论的合成材料生产新工艺技术、基于“新催化材料”的化学品生产新工艺技术。

3. 流程工业“三废”深度处理与资源化利用技术开发

重点开发流程工业废水深度处理与循环利用技术、材料与装备，流程工业废渣资源化利用工艺技术与装备，工业窑炉烟气脱硫脱硝新工艺与装备。

4. 流程工业及相互间循环经济模式开发与构建

开发化工、冶金和建材各行业内、行业间及行业和社会之间的生态链接技术；副产物综合高效利用等。

5. 流程工业集成优化技术和高效利用技术

2020—2030 年，重点发展以分子炼油技术为核心的炼油化工流程集成优化、常规和非常规原油资源高效利用技术，基础化工、石油化工、生物化工、精细化工流程集成优化技术与循环经济构建技术。

6. CO_2 捕集、利用、储存技术

开发适合不同流程工业过程的高效、低能耗、低成本CO_2捕集技术，突破CO_2综合利用技术瓶颈，实现CO_2规模化工业利用，开展CO_2地下封存条件研究，形成可以推广应用的技术与装备。

7. 生物资源的高效清洁、功能性及高值化利用技术

重点发展生物资源的高效清洁、功能性及高值化利用技术、林纸一体化工程的科学技术；实施以生物质高值化清洁利用与生物制造为核心的现代发酵工程集成技术，重点发展食用油生物制造关键技术与产品、大宗低值蛋白资源高值化利用共性关键技术、活性多糖构效关系及深加工共性关键技术等。

第八节　现代高质农业工程科技重点任务

一、发展思路

以提高产量、改善品质、提升效益，从根本上解决我国的食物安全、生态安全、资源安全为目标，加强农业科技的基础性和战略性研究，通过实施重大工程和科技专项，引领农业科技实现跨越式发展，用现代科技和装备改造传统农业，大力发展农业战略性新兴产业，最终建立与我国农业大国地位相适应，具有世界先进水平的保障食物安全、生态安全、资源安全的农业工程技术创新体系。

二、发展目标

2020 年，分子育种与常规育种相结合，提供成熟生物育种方法和技术平台，提高育种效率和动植物新品种的种覆盖率。主要农作物生产基本实现机械化。形成节水、节地、节肥的农业资源高效利用技术体系。建立良田建设工程科技支撑体系，稳步提高粮食综合生产能力。推广农产品安全、清洁、健康生产技术，基本控制或消除重大病、虫、草害的危害，形成一套适合我国国情的动物疫病预防、控制、净化和根除的策略与方法。

2030 年，动植物分子育种技术和基础研究取得重大突破，建立完善的动植物分子育种体系，定向、智能分子设计育种技术成为育种的核心技术体系，提升高产、抗病、优质的动植物新品种创制能力，动植物育种效率和良种覆盖率大大提高。突破农业智能装备等重大关键技术，普遍采用节水农业关键技术和新型节水设备，灌溉水利用率、作物水分生产率、水资源再生利用率大大提高，主要农作物实现全程机械化，高产稳产粮田比例进一步提升，形成6亿吨的粮食综合生产能力。基本控制或消除重大动植物病害和疫病，基因工程疫苗广泛应用，危害畜牧、水产产品安全的动物传染病和疫病得到根除或控制。清洁、健康的农产品生产技术体系基本形成，实现农产品无公害生产，基本建成全国范围内的农产品安全可追溯系统，实现“从田间到餐桌”的食品安全控制体系。农业生物质资源化技术取得重大进展，畜禽粪便、生活垃圾和污水、农作物秸秆资源化利用率达到80%以上。

三、重点任务

1. 现代生物种业

重点在农业生物种质优异基因高效规模化挖掘关键技术、常规育种与生物技术育种技术相结合、分子育种平台和关键技术、优质高产多抗专用植物新品种培育和繁育技术、优质动物新品种选育和高效繁育技术等方面取得突破。

2. 粮食综合生产能力提升

针对我国耕地中低产田比例较高（约占70%）的国情，实施中低产田改造工程，全面建立适合我国不同区域特点的中低产田改造配套技术体系；在以三大平原为主的粮食主产区，按照“田地平整肥沃、水利设施配套、田间道路通畅、林网建设适宜、科技先进适用、优质高产高效”的要求，重点进行农田基础地力、灌溉排水设施、防灾减灾条件、科技基础及其他配套设施等建设；研究、开发、推广粮食高产与水、肥、耕地资源高效利用协调发展的技术体系，包括区域粮食作物周年集约高产高效耕作栽培技术，粮食主产区土壤质量与肥力提升技术，新型肥料研制与高效施肥技术，区域大面积增产的集成技术，现代节水农业关键技术和新型节水设备体系，应对气候变化的防灾减灾工程技术，提升粮食主产区粮食生产的持续稳产、高产能力。

3. 农作物安全、清洁生产

研究作物安全、清洁生产理论基础和典型模式，建立绿色环保农业技术创新体系和无公害农作物生产保障体系，构建与国际接轨的农作物生产安全评价体系和清洁生产全程控制体系。

4. 动物健康养殖工程技术

研究保障畜禽、水产健康、营养与安全质量的养殖工艺、关键技术、关键设备和全过程质量控制技术与方法。突破不同养殖规模、生产方式、生态区域和组织形式的畜禽、水产生产工艺技术，养殖环境小气候优化控制技术，畜禽、水产产品安全检测方法，废弃物资源化利用技术。建设动物性产品质量全程跟踪和可追溯技术平台。

5. 植物病虫害和动物疾病防控关键技术

研究植物重大病虫害发生规律、灾变机制与预测预报技术，动物传染病与人畜共患重大疫病防控关键技术及产品，研制农业有害生物致病机理与新型高效、安全农兽药，研制新型动物基因工程疫苗、免疫佐剂等产品，研制快速、高通量诊断试剂产品，建立我国主要农产品有害生物综合防控技术体系（IPM）。

6. 农业生物质资源化利用

通过农业生物质资源化利用关键技术的引进消化吸收、创新、集成与示范，在作物秸秆综合利用关键科学技术与装备、畜禽粪便资源化利用关键科学技术与装备、能源作物生产和加工关键科学技术与装备等方面取得突破，发展和建立一批农业生物质产业化示范工程。

7. 现代农业装备技术

发展适应我国农业结构调整、安全增效需要，保障农业可持续发展的农业装备和技术。基于我国农业与农村经济发展特点，开发农民急需的先进、适用、可靠的农业装备与设施；发展农业装备自动化、智能化技术；发展大中型农业装备与设施，优化农业装备产品结构；解决主要作物全程机械化的瓶颈问题；突破设施种植封闭生产系统和健康养殖的机械化关键技术。

第九节 普惠健康医药卫生工程科技重点任务

一、发展思路

满足组织修复与再生重大需求，大力加强原始创新和具有自主知识产权关键治疗技术与新药的研发，推动再生医学学科发展与基地建设，促进临床治疗救治技术进步，使2030年我国再生医学达到国际先进水平，某些领域处于国际领先地位。

二、发展目标

2020年，建立国家转化医学体系、重大疾病研究型医院以及较完整的慢病系统生物学和转化研究体系；建立符合国际规范功能完备的创新药物研究开发技术平台和孵化基地；完善国家、省、市三级卫生信息资源中心，建立慢病管理档案，冠心病和脑血管病建档率城市达到90%；提高中医药防治常见病、多发病能力，解决制约中医药创新发展和医疗服务能力提高的关键科学问题；建设立足于基层的慢病防控系统和队伍。

2030年，初步实现医学模式转换，逐步实现预防、预测、个体化和参与医学结合的4P医学。慢病防控体系在降低发病率和死亡率及提高治愈率方面发挥明显作用；医药产业进入世界医药强国前列；形成以居民个人电子健康档案、电子病历、公共卫生信息为基础的数据中心和资源共享系统；将中医药服务全面纳入新型农村合作医疗，显著提高中医药防治疾病能力，建立国际认可的中医药标准及技术规范体系。

三、重点任务

遵循临床需求导向的靶向性转化研究、开放式网络结构联合体、医产学研资结合团队、DNA双螺旋运作模式，研究重点为慢性疾病的防控，中医、中药的现代化和国际化，加快研究型医院与临床和科学转化中心（CTSC）建设，完善和优化转化医学体系等。

1. 个体化医学

选择常见人类重大疾病（如恶性肿瘤等）为突破点，系统收集完整的临床标本，采集并积累海量数字化信息，进行生物信息学运算、数学模型建立、统计学处理分析等，为开创我国的个体化医学、制定和指导临床的个体化诊疗提供示范。前沿重点领域包括基因组学、生物途径和网络、生物样本库与分子影像、结构生物学、生物信息学、转录组和蛋白组学、计算生物学和纳米医学。

2. 再生医学

满足组织修复与再生需求，大力加强原始创新和具有自主知识产权关键治疗技术的研发，推动再生医学学科发展，促进临床治疗救治技术进步，使2030年我国再生医学达到国际先进水平，某些领域处于国际领先地位。

3. 新药创制

完善国家药物创新体系，加强新药创制和创新能力建设，针对严重危害人民健康的重大疾病研究开发创新药物；针对保障我国人民健康的基本医疗要求，通过技术创新改造一批药物大品种技术；通过整合优势资源、综合集成，建立一批综合性创新药物研究开发技术大平台，辐射带动新药研究开发专业性单元技术平台建设；突破一批药物研究开发的关键技术，建立一批创新药物孵化基地，形成一批药物创新示范企业和产学研联盟，构筑产业化的技术创新体系。

4. 数字卫生

加强政府引导，完善数字卫生技术规范和标准的开发与管理机制，以医学研究机构、企业和卫生行业协会为主体，加快电子病历、居民健康档案等基础卫生信息标准开发，加快卫生标准体系建设，实现信息互联互通，实现临床科研的信息一体化。

5. 新技术新设备体系的建立

主要包括医学研究新技术群、诊疗保健康复所需的新药研制及治疗方法创新、医疗器械的创新等，具体包括健康教育技术、数据采集报告技术、相关风险因素检测监测技术、风险预警技术、风险干预技术、健康技术示范园建设等；完善新技术新设备体系的开发、评定等相关政策和批准办法。

6. **传承发展中医药学**

在继承发扬中医药优势特色的基础上，充分利用现代科学技术，推动中医药的创新发展。通过养生与“治未病”的中医理念和方法贯彻预防为主、“重心前移”的战略。建立中医药学与现代医学体系互为补充的、健全的医疗服务体系和保健服务体系，建立能使世界接受的中医药标准与技术规范。

第十节　宜居节约型城镇化工程科技重点任务

一、城镇化建设

1. **发展思路**

严格控制城市扩张规模，通过土地的集约化使用和建筑规模的合理控制，降低城镇化可能导致的土地资源严重短缺，城乡建设导致的大量资源和能源消耗以及严重的污染排放，同时大力发展和应用建筑节能减排的关键技术和产品，使今后20年我国城乡建设健康发展，为人民提供宜居环境。

2. **发展目标**

2020年，提出适合我国特殊国情的城乡发展规划理论工具，制定出科学合理的政策法规和标准规范，研发城乡建设运营节能减排关键工程技术和产品和适应性节能模式。

2030年，在合理控制我国城镇建设规模的基础上，节能环保关键工程技术和产品得到大规模推广应用，新建公共建筑和居住建筑均满足节能标准，建筑环境质量显著提高。全国建筑总能耗与2006年相比增加不超过15%，城镇建筑在2005年基础上单位面积能耗降低40%—50%，新建建筑全生命周期的碳排放量比2005年水平降低50%—60%，建筑在全生命周期中对环境的负面影响指标比2005年水平降低70%以上。在推广多种村镇节能模式的基础上，按照循环经济方式，显著提高村镇住宅室内环境和舒适度，力争在2030年使可再生能源和新能源在村镇能源体系中的利用规模超过70%，单位村镇建筑面积碳排放比2009年水平降低70%，实现城乡建设健康发展。

3. **重点任务**

（1）2020年重点任务

基于国情深入研究城镇化科学发展的适宜规模，包括我国城镇化的科学合理发展模式、总体规模、合理的城镇地区人均建筑面积和人均居住面积上限、科学合理的农村发展模式等，发展适合我国国情的城市与区域科学化规划的现代理论和信息化工具，制定出科学合理的政策法规和标准规范。

开展适合我国国情、适用于我国城乡建设与运营的节能减排关键工程技术的研发，包括建筑运行节能技术，建设过程的节材、节能、节水技术，降低城市交通污染的技术，以及固液废弃物无害化、资源化处理和利用技术等。

针对农村建设重点发展节能低碳建筑技术，发展垃圾、废水就地分散无害化、资源化处理关键技术，在部分条件成熟的地区建设“无煤村”、“低能耗农舍”试点示范工程。

（2）2030年重点任务

提升节能减排新技术，形成科学合理的方法体系，保证新技术及方法体系的国情和地区适宜性、有效性和经济实用性。保证新建、更新改造的城镇的宜居性和可持续发展，因地制宜地在广大农村推广“无煤村”、“低能耗农舍”的成功试点经验，使能耗和室内外环境水平同时得到显著的改善。

二、综合交通运输

1. **发展思路**

立足当前，着眼未来，坚持“需求引导、合理布局、协同发展、重点突破、高质高效”的发展思路，开展交通与城市发展一体化规划，统筹发展各种运输方式，有效引导交通需求，前瞻规划交通供给，合理布局交通资源，构建相互衔接的综合交通网络，提高交通系统整体容量，改善交通安全，提升交通节能环保水平，突破综合交通协同运行关键技术，保障交通运输高效组织运营，为广大人民群众提供高质、高效、便捷、经济、绿色的综合交通运输服务。

2. **发展目标**

2020年，通过综合交通的统筹分析与统一规划，基本实现供需均衡和多种交通方式协调可持续发展。适度超前建成国家综合交通基础设施网络，交通装备制造产业基本适应综合交通发展需求，供需矛盾基本缓解，交通资源配置和各类运输方式分担比例趋于合理，高速公路通车里程达10万公里，铁路网络规模超过12万公里，内河航道里程超过12万公里，民用机场数量达244个，油气干线管道超过12万公里。以枢纽建设为重点，建成总量基本适当、结构和布局趋于合理的综合交通网络，为实现综合交通服务一体化奠定基础。全社会物流总费用占GDP的比重下降到10%左右。

2030年，综合交通运输网络化、信息化、智能化建设达到发达国家水平，建成总量适应、结构和布局合理、功能完备的综合交通网络，形成以人为本、可持续与和谐发展的综合交通体系，初步实现综合交通一体化。供需基本平衡，城市交通拥堵有效缓解，综合交通资源配置和各种运输方式分担比例优化，实现交通运行、管理、服务的一体化。全社会物流总费用与GDP的比率低于8%。

3. **重点任务**

（1）综合交通系统统筹规划与优化设计

未来20年我国交通需求总量将迅速攀升，交通需求结构将发生较大变化。根据我国资源与生态环境承载能力、技术水平等因素，科学规划未来各时期综合交通各子系统的组织结构、产业政策、投资及运营管理模式，是综合交通可持续与和谐发展的前提保障。重点突破能源节约型综合交通系统规划与设计、主动引导式交通系统规划与设计等基础理论与方法，攻克综合交通需求分析与网络规划、运输资源动态优化配置等技术。

（2）综合交通基础设施建设

以提供顺畅、便捷的人性化交通运输服务为核心，加强统筹规划，实现各种运输方式的有效衔接、客流在各种运输方式间的快速换乘以及物流在各种运输方式间的快速转移。突破建设和养护关键技术，降低综合交通设施全寿命成本。重点研究开发轨道交通、跨海湾通道、离岸深水港、大型航空港、大型桥梁和隧道、综合立体交通枢纽、深海油气管线等高难度交通运输基础设施建设和养护关键技术及装备。

（3）综合交通协同运行与服务

以信息、智能控制等技术为基础，实现各种交通方式的智能化、一体化协同运行控制与服务。重点研究多模式公交网络、城市对间多模式交通、跨城市群多模式交通及综合交通枢纽的协同运行与服务。

第十一节　空间海洋能力拓展工程科技重点任务

一、航天

1. 发展思路

服从、服务于国家整体发展战略，不断提升中国航天在世界航天领域的地位和水平，继续发挥航天技术在我国高技术领域中的先导和牵引作用，着力提高卫星应用深度与广度，大幅度增强空间信息及其应用对国家信息化、经济社会各领域不可或缺的支撑和促进作用，促进经济社会发展，增强国家综合国力和民族凝聚力，支撑创新型国家建设。

2. 发展目标

建成高效、稳定、灵活、安全的航天运输体系和功能完备的国家民用空间基础设施，形成长期、稳定、可靠的空间应用服务体系和具有国际竞争力的航天高技术产业，成为世界空间探索和科学研究的重要力量。

3. 重点任务

建议在载人空间站工程基础上，组织开展载人探月必要性、可行性前期研究，适时报国家有关部门决策，突破载人探月关键技术，实现 2—3 人载人探月。

突破深空探测关键技术，对火星及火星之外的其他行星进行探测，包括水星和金星探测、巨行星及其卫星探测等。

按照体系化发展要求，分阶段逐步建成天地一体、技术先进、自主可控、布局合理、全球覆盖、国际服务，由卫星遥感、卫星通信广播、卫星导航定位三大系统构成的国家民用空间基础设施，建立开放共享的空间信息服务体系。卫星遥感领域，按照一星多用、多星组网、多网协同、数据集成服务的思路，建设陆地、海洋、大气观测3个系列，形成高中低空间分辨率合理部署，覆盖可见光、红外、微波等多谱段的综合观测能力，构建多站多中心协同服务、信息集成共享的网络化地面系统。卫星通信广播领域，重点建设宽带通信、电视直播、移动通信、移动多媒体广播卫星，提供大容量、高速率、双向宽带接入服务。卫星导航定位领域，统筹建设北斗全球导航卫星系统与地面增强系统，构建国家位置综合服务系统，加快建设形成统一、协调、完整、开放的卫星导航基础设施体系。突破卫星应用领域关键技术，开展行业、区域、产业化、国际化及科技发展等多层面的遥感、通信、导航综合应用示范，加速卫星应用技术与新一代信息技术等的融合，建立先进、高效的卫星应用产业体系。

二、海洋

1. 发展思路

紧紧围绕建设海洋强国的战略目标，针对维护国家海洋主权与权益、开发深远海资源和能源、拓展生存和发展空间的战略需求，以提高我国在海洋国际竞争中的技术支撑与保障能力为目标，统筹规划深远海科学研究、高技术研发和支撑条件建设，坚持以国家需求与科学目标带动技术发展，大力发展具有自主知识产权的深远海技术和重大装备，提高深远海技术自主创新能力；以高、精、尖的深远海技术为发展重点，以深远海技术发展带动近浅海技术，促进整个海洋技术的发展；动员组织各领域相关力量，共同投入，协同攻关，推动产学研用相结合，建立深远海高新技术产业，同时促进海洋相关产业发展，以推动整个海洋经济健康、快速地发展。

2. 发展目标

2020年，在海岸带环境监测监控，深海底环境探测观测、深海资源勘探开发利用、海水资源开发利用等关键技术方面的自主创新能力显著增加，初步建立海洋立体监测和信息服务系统，为深海资源的商业化开发利用奠定技术基础，海水资源利用方面突破大规模、低成本海水淡化及化学资源利用等技术，降低海水淡化的成本。

我国海水养殖规模和总量继续保持世界第一，海水养殖产量突破2000万吨；系统开展主要大洋渔业资源的科学调查，形成2000—3000艘符合过洋作业要求的现代化渔船，1000艘有国际竞争力的大洋性捕捞船队；对近海衰退渔业资源和水域环境实行生态修复，部分衰退种群得到一定程度的恢复；形成我国海洋药物与生物制品产业规模，产值达到100亿元；突破一批海洋食品保鲜与加工的关键技术和产业核心技术，海洋水产品资源加工转化率达到70%。

2030年，完善和提高海洋立体监测和信息服务系统的功能，真正为海洋减灾防灾、国家安全、海洋经济发展提供技术支撑；建立起深海技术产业体系，形成深海重大装备的设计制造能力，极大地提高我国参与深海领域开发利用的国际竞争能力；实现海水化学资源的高效利用和大规模海水淡化、综合利用的产业化。

海水养殖总产量超过3000万吨，深远海养殖业占整个海水养殖产量的比例超过10%；实现远洋渔业资源的科学监测评估，初步形成远洋渔业产业链；近海渔业资源养护取得明显效果，近海渔业资源开发利用实现良性循环；发展并壮大我国海洋药物与生物制品产业群，产值达到500亿元；建立以加工带动渔业发展的新型海洋农业产业发展模式，水产品加工企业基本实现机械化。

3. 重点任务

（1）海岸带环境监测、监控及可持续发展技术

发展海、空、地多传感器技术，逐步建立浅水区现场调查与监测的技术体系，形成海岸带环境特征多维综合技术体系，大幅提升我国在海岸和海岛潮间带调查技术水平，为海岛海岸带开发提供技术基础。进一步发展重要河口与港湾环境与生态监测与预测技术，形成多要素立体监测与数据传输技术体系，在重要河口和港湾建设海洋动力、化学物质与沉积物输送、海岸地貌与海岸线变化、生物与生态等多要素的技术示范系统，提高人类影响下河口与港湾的生态环境与生态安全评估技术水平，为河口与港湾开发利用提供科学基础。建立科学合理的与国际接轨的全国性海岛海岸带环境地质灾害监测网体系，实现海岛海岸带地质环境变化过程的间接监测和各类灾害变化特征的直接监测相结合，

监测数据自动采集、处理、分析、实时发布和授权访问。

（2）海水资源开发利用技术

通过集成开发低能耗高效海水淡化组合技术，实现国家海水淡化与综合利用的产业化，降低海水淡化成本，基本实现海水淡化水的价格能与自来水相竞争，并成为淡水缺乏地区城市的重要水源；进行海水淡化高新技术的组合优化继承，开发新型具有自主知识产权的膜材料，研发海水淡化－海水化学资源综合高效利用的一体化技术方法；海水化学资源精细化、高值化和无害化生产，开发海水化学资源高纯镁化合物、无氯钾肥等的高效生产技术，提高海水化学资源综合利用能力，获得具有高附加值的系列产品，构筑中国海水化工新产业格局。发挥海水淡化的带动作用，重视海水利用中对环境的影响与对策。

（3）深远海环境探测技术

大力发展深远海海洋环境立体、实时监测的技术和设备，突破深海海洋长期定点连续观测、船载观测与自主剖面观测关键技术以及相关通信技术与组网技术研究，建立我国深远海海域永久性深水区综合观测平台，开发深远海海洋动力环境数值模拟与预报技术；实时获取我国深海及世界深远海重要海区海底地球物理场与海洋动力环境信息，深入研究深远海环流演变规律，中尺度涡、锋面及内波等过程形成和海洋地球物理场及水声场物理特征等科学问题，保障我国深海环境安全，为开发海洋资源和维护海洋权益提供关键技术。

（4）深海资源勘探开发技术

大力发展深海资源探查的关键技术、重大装备，形成规模化深海资源探查装备体系和作业能力。发展与深海装备配套的材料、辅助配件等通用技术，提高国产化能力。针对勘探开发国际海底区域资源和深海科学研究的需求，发展勘查和开发大洋热液多金属硫化物、富钴结壳、多金属结核以及深海生物和基因等资源的新技术，为维护我国海底矿产和生物基因资源的权益以及开展深海科学研究提供技术保障。

（5）深海资源开采和利用技术

实现对深海海底资源分布区的三维海底探测及综合反演解释；研发可适用于科考船或不同类型水下运载器的深海高保真/直视取样和大深度硬岩钻探技

术；推动深海资源开采、行走及输运技术的发展和产业化；研发多金属结核、富钴结壳和热液硫化物等矿产资源的选冶技术，自主研制和建立深海环境模拟与微生物培养平台，显著提高深海极端生物样品DNA提取技术、大分子库构建技术等特种生物技术水平，为未来海底资源的商业化开发利用进行技术储备，以保障我国海洋战略资源的安全。

（6）深海运载与作业技术

随着深海勘探开发的不断深入，深海运载与作业技术和装备日益朝着实用化、综合技术体系化方向发展。目前新型深海运载作业平台不断涌现，作业深度不断加深。发展多功能、实用化深海遥控潜水器、自治水下潜水器、载人潜水器和配套作业工具，实现装备之间的相互支持、联合作业、安全救助，顺利完成水下调查、搜索、采样、维修、施工、救捞等任务，已成为国际深海运载与作业技术的发展趋势。发展深海运载与作业技术，可极大地扩展我国深海探测和作业的空间，有效提高深海资源勘探开发、海底工程作业、海上施救与维修的能力。

（7）海洋生物资源开发领域

从群体资源、遗传资源和产物资源3个层面上，对海洋生物资源开发利用实施“养护、拓展、高技术”三大发展战略，推动海洋生物资源工程与科技的发展。养护战略：养护和合理利用近海生物资源及其环境，推动资源增殖和生态养护工程建设，提高伏季休渔管理质量；拓展战略：积极发展水产养殖业，开发利用远洋渔业资源，探索极深海生物新资源，提高海洋食品质量和安全水平；高技术战略：发展海洋生物高技术，促进养护和拓展战略的技术升级，深化海洋生物资源开发利用的层次。大力推进海洋生物产业进步，实施多方位的发展。建设环境友好型海水养殖业，精选养殖品类，质量优先，数量保障，鼓励由浅海向深远海的发展；建设近海资源养护型捕捞业，推动资源增殖和生态养护工程建设，提高近海资源养护技术水平，实施渔船升级改造和渔港多元化功能改造；提升远洋渔业开发能力和远洋渔船及装备的研制水平，大力开发极地远洋渔业新资源（如南极磷虾）；大力开发具有海洋资源特色、拥有自主知识产权和良好市场前景的海洋创新药物和高值化海洋生物制品；健全海洋食品安全法律法规，建立全过程监管、应急机制等食品安全支撑体系，强化海洋食品生产和供应链的安全性与系统性，确保海洋食品的质量安全。

（8）海洋工程腐蚀防护与监检测技术

针对桥梁、码头、海洋石油平台、海上风电、海底管线等大型海洋工程的腐蚀问题，开展海洋环境中重要装备和工程设施不同海洋区带的腐蚀防护技术与腐蚀监测装备。开发适用于1000米水深的腐蚀特种防护技术和监测传感器，并开展腐蚀防护和监测装备投放技术应用和集成化，实现对深海工程装备的腐蚀防护及其实时监测；开发海洋大气区异型钢结构包覆防腐技术，海洋浪花飞溅区和潮差区钢结构及钢筋混凝土结构腐蚀防护和修复技术；开发能够应用于船舶以及静态海洋工程的防生物污损膜材料，耐磨损、防护寿命长，绿色环保。发展海洋工程腐蚀防护与监检测技术，减少腐蚀损失，保护海洋环境，为处于不同海洋环境的工程装备的安全服役提供重要保障。

第十二节　公共安全高效保障工程科技重点任务

一、发展思路

以社会－经济－文化－环境和谐发展为基本出发点，强调“防重于治”，大力发展信息安全、生物安全、食品安全、土木建筑安全、生产安全、社会安全和生态安全工程科技，紧密围绕监测、预警、应对、管理4个重要方面，全面加强基础研究、科技创新、技术体系建设及管理落实，强化信息化手段建设，形成全方位的预警和响应机制，夯实安全监管的技术支撑，落实科学的管理措施。持续监测信息、生态安全状态，及时预报外来生物入侵和重大传染疾病问题，全方位、全过程严格控制食品安全、城市建设和生产安全，迅速应对和控制各类突发安全事件，保障经济社会的繁荣稳定发展。

二、重点任务

1. 信息安全

（1）安全测试评估技术

掌握网络与信息系统安全测试及风险评估技术，建立完整的面向等级保护的测评流程及风险评估体系。

（2）安全存储系统技术

掌握海量数据的加密存储和检索技术、高可靠海量存储技术，建立数据自毁机理，采用海量存储器的高性能密文数据检索手段和基于主动防御的存储安全技术，构建基于冗余的高可靠存储系统的故障监测、透明切换与处理、数据一致性保护等方面的模型与实现手段，制定安全的数据组织方法。

（3）主动实时防护模型与技术

掌握态势感知、风险评估、安全检测等技术，建立基于态势感知模型、风险模型的主动实时协同防护机制和方法，研究网络与信息系统的安全运行特征和恶意行为特征的自动分析与提取方法。

（4）网络安全事件监控技术

研究支持多网融合下的大规模安全事件的监控与分析技术，提高网络安全危机处置能力。

（5）新的信息技术应用安全技术

研究与云计算和物联网以及未来新的信息技术相关的应用安全和应急策略，提高相关新技术应用的安全可靠性。

2. **生物安全**

（1）转基因生物安全

完善转基因生物安全技术体系、安全评价技术体系和研究平台，采集风险评价基础数据，形成风险预警和管理体系，研究自主安全评价理论、方法和技术，对新基因、新性状、新用途和多基因等转基因生物开展安全性评价。开发对第二代转基因作物新材料的安全研究技术，提高我国转基因生物风险监测、预警及应急处理能力，建立一体化监测预警和快速反应体系。

（2）人畜共患病控制

研究重大人畜共患传染病的病原学、流行病学与生态学原理，病原跨种宿传播、致病机制及免疫机制。发展病原学、血清学及分子生物学的快速、敏感、特异的高通量检测诊断技术，开发新型治疗药物与疫苗，建立未知病原的快速筛查与鉴定技术平台。加强对病原生物信息学与流行病学信息的数据集成与分析。加强新兴生物技术，如基因组学、蛋白质组学技术在人畜共患传染病的快速筛查和鉴别诊断技术平台建设中的应用。

（3）外来生物入侵控制

建立外来生物入侵信息数据库、共享技术平台和远程实时诊断和服务平台。深入研究生物入侵的机理、过程以及生态系统功能的变化，形成成熟的外来物种防控策略与技术储备。发展农业入侵物种的辐射不育技术，建立重要农业入侵物种野外、实时、远程监控的数字化平台，开发基于图像识别和野外实时调查的野外简便数据传输系统（PDA）和实时远程监控的信息采集、信息处理与信息发布系统。

（4）药品安全（医药、农药、兽药、生物制品）

医药方面，完善常见与重要药品的安全标准，加强传统中药毒性成分和有效成分的提取分离、分析方法研究，建立毒性中药材质量评价方法、定性与定量检测方法和限量标准，建立药品不良反应信息的采集、评价、共享和预警系统，建立全国范围内的药品生产管理数据库；农药方面，深入开展绿色农药创制问题以及农药毒理学机制研究，开展农药职业健康风险评估研究，完善农药安全评价体系；兽药方面，加强兽药残留检测技术、耐药机制、毒性机制、药物与机体相互作用规律以及比较药理学/毒理学研究，完善兽药残留标准、兽药使用规范和兽药安全性的评价体系，建设 GLP 兽药安全评价认证体系，加强兽药对环境影响的监测和耐药性监测，开发新型安全高效兽药；生物制品方面，加强原材料、外源性微生物和有害物质检测技术研究，完善传统生物制品和基因工程生物制品的安全评估技术和体系，制定更高的安全标准。

3. **食品安全**

（1）食品安全数据库与监测网络

建设食品安全风险评估基础数据库，建立基准剂量（BMD）、急性毒性参考剂量（ARfD）、风险－获益平衡模型等参数。

建立国家食品与饮用水污染监测网络和食源性疾病监测网络体系，建立一批食品安全监测基准实验室，并参与数据国际比对，获得准确可靠的污染本底，制定国家控制目标。开展重要食源性疾病和人畜共患病负担调查。

（2）食品安全诊断与处置技术

突破不明原因食物中毒甄别、处理和处置技术，形成主动症状捕获食品安全隐患的网络体系和诊断体系。

（3）食品安全全过程控制

开展食用农产品质量安全风险评估、源头治理、过程控制、安全限量及检验检测等技术研究，控制源头污染。研究食品从生产到消费过程中危害物的形成机制，突破从农田到餐桌全过程食品和饮用水中危害识别关键技术，实现关键试剂和设备产品国产化，并制定和坚持可持续性预防措施。开展饮用水水源保护及修复、净化处理、安全输配、水质监测、风险评估、应急处置技术开发及集成应用。

（4）食品危害物风险自动预测预警

发展基于国家地理信息、产地环境污染（包括环境安全事故、全球食品安全事故）信息的食品危害物风险自动预测预警技术与体系。

4. 土木建筑安全

（1）城镇化建设中的安全问题

建立强地震动场全尺度理论预测模型和数值计算方法，揭示强地震动场的形成机理与分布规律。研究强地震动场和强/台风场作用下重大工程结构的倒塌模式及其高效分析方法，形成相关准则及防御方法。研究我国东南沿海台风和内陆强风的特性及其对重大工程结构的致灾作用，建立分析模型及模拟的风洞试验方法和数值计算方法。研究超高度和超跨度现代钢结构的整体稳定性、地震动态响应、风动态响应，以及大型钢结构防火、吸声、隔音、防腐等理论和方法。围绕地层变形、破坏特点及演化规律、多体作用及灾变形成机制、安全性控制原理等关键问题开展研究，构建我国城市地下工程安全性评估和控制的系统科学理论。

（2）桥梁安全关键技术研究

研发对桥梁出现危险征兆初期做出预警的小型传感器；评价分析自然灾害对公路、桥梁影响损害；开展应对自然灾害的桥梁新技术和方法研究；攻克千米以上级斜拉桥结构体系、设计及施工控制关键技术；建立基于结构健康监测实测数据的伸缩缝评价系统方法；研究梯度温度等因素的悬索桥主梁挠度控制阈值指标。

5. **生产安全**

（1）创新安全生产理论

在安全科学基本理论、矿山重大灾害事故致因机理及动力学演化过程、典型工业事故发生机理及动力学演化过程、生产事故预防与应急救援理论、安全生产长效机制理论等方面寻求突破。

（2）针对灾变因素和危险源，研究生产环境及工艺安全相关技术

开展煤矿重大灾害防治关键技术，煤矿灾害连续监测、预警及防控技术，煤矿重大灾害的救灾技术与装备，海上油气勘探安全保障技术，大型油轮泄漏油围堵清除设备，深海资源开采安全生产关键技术，特种设备失效模式、失效准则、风险评价、剩余寿命预测等的关键技术，重大危险源辨识指标体系、监测与监控网络化技术，重大事故模拟仿真与虚拟现实技术，重大事故防范及安全保障技术，重大事故应急救援预案及指挥决策系统，构筑物（地基、大坝、高陡边坡、尾矿库等）失稳监测预警技术，埋地压力（气、水、油）管线检测、报警、关断及维护技术，事故隐患辨识与评价、监测与控制及治理等关键技术研发。

（3）高度重视核生产安全问题

发展保障核安全的新技术；发展核废料，特别是长寿命、强放射性裂变产物的处理技术。建立更为严格和独立的核安全监督机制。

6. **社会安全**

（1）社会安全早期预警系统的建设

跟踪国内外相关领域的进展，重点开发面向认知和基于学习的早期预警系统，关键技术包括社会安全事件智能全程模拟技术、社会安全危机的专家辅助决策技术、社会安全事件的早期预测方法、社会安全事件的风险评估技术、社会安全危机智能决策系统。

（2）社会安全危机的应急处置技术

整合信息学、自然科学、管理科学与社会科学等多种理论与技术，分类开

发有关社会安全危机的应急处置技术，包括恐怖事件的应急处置技术、非传统社会安全事件的处置技术、基于网络的社会危机处置技术等。

7. **生态安全**

（1）生态安全综合监测体系建设

建立以水和大气质量为主的环境质量监测体系，特别是流域和跨国河流水质的自动化定时监测和重点污染源在线自动监测。评估毒害污染物对水体的“释放”形成“二次污染”的程度、与微界面交换过程及在这一过程中的化学/生物作用与主导影响因素。建立水和大气环境质量监测体系信息系统平台以及优控毒害污染物清单与动态信息管理系统。建立以遥感和地面观测站相结合，以海量数据库和网络技术为基础的生态与资源监测体系，形成具有现代化装备、技术优化、科学适用的生态与资源监测技术集成。建立并优化自然灾害数据库，依托现场监测以及GIS的空间分析能力和图像功能，确定地质灾害的发生因子及各因子对地质灾害的影响程度，科学预测、预报各类地质灾害发生的条件、影响的范围和危害的程度。

（2）重点流域综合整治与水体安全

强化传统水处理工艺的处理效果，开发合适的预处理工艺和深度处理工艺，寻求新型微污染水源水处理工艺，从而有效地去除微污染水源水中的有机物、氨氮等污染物，避免消毒剂与原水中的有机物反应产生有毒的消毒副产物。研究含毒害有机物和重金属等典型毒害污染物废水的事故排放应急处理。对蓄滞洪区进行合理分类，优先安排使用频率较高、在流域防洪体系中发挥重要作用的蓄滞洪区安全建设。通过制定城市河湖治导控制线，避免城市向洪水高风险区发展，优化城市布局，加强城市水系综合整治，构建城市综合防洪减灾体系。努力维护河流健康，通过生态补水、面源治理等综合措施，逐步修复部分生态脆弱河流、湖泊、湿地的水生态系统和部分城市水生态系统。充分利用水生生物的净化作用，改善水域生态环境。实施水体石油污染强化生物修复工程，恢复石油烃污染水体质量，实现水体安全。

（3）矿区、矿山地下水库污染修复与矿区复用安全

针对我国矿区及其周边土壤存在大量铅、镉、铜、镍、砷、锌等重金属复

合污染问题，开展关键技术研发、系统集成与应用示范，为保障矿区及其周边地区的农产品质量、生态安全和提高综合环境质量提供技术支撑。开发酸性矿山废水回用浸出技术回收尾矿贵重金属，实现贵重金属的回收。通过尾矿再选、矿山采空区尾矿回填，实现尾矿高效整体利用，使矿山向无尾矿山目标迈进。开发矿区宜耕宜居复垦技术，实现复垦后土地的重新利用。

（4）燃煤污染控制工程与大气安全

开发脱硫副产物资源化利用技术。针对我国湿法脱硫工艺能耗较高的问题，开发节能低成本型脱硫脱硝技术，为我国大型燃煤烟气脱硫脱硝提供有力的技术支撑。开发经济高效、可工业化使用的脱硝剂或添加剂，优化脱硝工艺及脱硫脱硝匹配技术，实现同一装置内同时脱硫脱硝。开发大型燃煤火电机组烟气半干法烟气脱硫技术，解决我国烟气半干法脱硫存在的运行可靠性差，对机组负荷、煤种、脱硫剂适应性差的问题。

（5）气候安全

捕集和分离天然气井、煤化工、煤气化联产和燃煤电厂等行业和排放点排放的二氧化碳，开发油气储层和不可开采的甲烷煤层二氧化碳注入技术。制成高纯度干冰，用于食品、消防等行业领域，实现二氧化碳的利用。捕集点污染源的二氧化碳，进行地质封存，扩大利用技术研究。

（6）城市地质灾害监测预报与应急救灾技术

重点研究耦合遥感、地面调查、地球物理勘探、钻探、原位及室内实验分析、地球化学勘探和动态监测技术，开发区域崩（滑）塌和泥石流预警技术、地质灾害气象预警预报技术，建立应急调查、治理技术体系，灾情评估技术体系。重点开展泥石流易发区地质灾害监测及预警预报技术方法研究，阐明灾害发生机理。完善突发性地质灾害实时监测系统，加快突发性地质灾害应急救灾技术研究；针对主要突发性地质灾害如泥石流，建立应急调查、治理技术体系，灾情评估技术以及地质灾害危险性和风险性评价的技术方法体系。根据城市主要地质灾害发育分布的规律，建立地质灾害数据库，建立城市地质灾害信息系统。

第五章　重大工程建议

重大工程指直接服务于我国国民经济建设、立足于解决制约经济社会发展的重大问题、直接形成现实生产力或服务能力，且需要有工程科技的重大突破来支撑的工程项目。

为了充分发挥重大工程对工程科技的牵引作用，促进工程科技的集群突破，依据工程科技发展总体战略，建议实施以下20个重大工程。

一、煤炭安全高效绿色开发与清洁高效利用工程

煤炭在我国能源消费中居主导地位，本工程对提高我国能源整体保障能力、助推煤炭产业转型升级十分重要。

实施深部和复杂条件煤炭安全开采、西部矿区生态保护与智能开发、清洁高效燃煤发电、清洁高效煤炭转化示范工程，突破中东部煤矿深部开采灾害防治与建井技术、西南地区复杂地质条件精细探测和机械化开采技术、黄淮海冲积平原“三下”煤炭安全高效开采与矿区生态恢复技术、西部地区煤炭高精度勘探、特大型矿井安全快速建设、工作面少人与无人智能化开采、煤矿地下水库与地表生态修复、煤炭伴生资源和废弃物综合利用、先进超超临界发电、高参数节能低排循环流化床发电、现役机组升级改造技术、煤转化效率提升、减排与节水技术。2020年，煤炭安全绿色开发、燃煤发电和煤炭转化技术达到国际先进水平，示范煤电污染物排放量与燃气电站相当，基本控制瓦斯事故，百万吨死亡率0.1以下，矿区生态恢复率达40%；煤电平均供电煤耗310克标准煤/千瓦时，较目前污染物排放降低75%、现代煤化工能源转化效率提高5%，水耗降低20%。

二、节能提效工程

我国是人口大国和能源消费大国，节能、提效、合理控制能源需求消费，是我国能源发展战略的重中之重。

强化“节能优先、总量控制”战略，继续强化节能降耗约束性指标和考

核机制，形成节能优先的社会、经济和技术制度；加强对终端能源消费需求的节能高效引导，从全生命周期角度研究适合我国国情的节能及提高能源利用效率的技术体系，健全节能技术标准体系和配套政策法规体系，促进节能技术推广应用。重点实施一批具有全局影响的重大节能措施，改动力用原煤到洗选筛分商品煤，开展下一代高效发电、用能技术研发，实现能源系统集成技术和智能化技术的重大突破；发展新一代高效清洁发电技术，结合扩大天然气供应建设高效热电（冷）联供和联合循环系统，支持建设余热发电，按用热负荷科学建设热电联产机组，充分利用可再生能源发展分布式电源的电网系统；大力发展工业装备、工业流程节能技术，高效能源转化技术，资源全价开发技术，全面提升工业节能水平；积极推进建筑节能、交通节能和终端节能工程，发展和推广高效节能汽车，建设城市和城际高效节能运输体系，推广新一代节能照明系统等。

到 2030 年，使我国的节能技术进入世界先进水平，能源利用效率大幅度提高，单位 GDP 能源强度比 2010 年下降 40% 以上，实现以较低的能源弹性系数（<0.5，并随时间进一步降低）支撑经济社会的健康发展。

三、快堆及核燃料后处理示范工程

先进核能系统是核能安全和可持续发展的根本途径。快堆能将铀资源的利用率从单发展压水堆的 1% 左右提高到 60%—70%，并能转化长寿命放射性核素，实现核能的清洁可持续发展，快速提升国家核电总容量。国际上原型快堆运行和核燃料后处理技术已有成功商用范例，我国自主开发快堆技术逾 40 年，2011 年建成 6.5 万千瓦实验快堆。实施本工程，我国将掌握核电核心技术，在核能技术上居国际前列。

开展快堆及核燃料后处理工程关键技术与设备研发，包括快堆钠泵、钠－水蒸气发生器等关键设备和后处理操作钚的先进工艺与设备研发，快堆钚－铀混合燃料制造和燃料运输技术研发等。2020 年建成 200 吨/年的压水堆核电站乏燃料后处理示范工程，年产 20 吨钚－铀混合氧化物燃料制造设施，小批量推广 60 万千瓦快堆核电站。2025 年建成自主知识产权的 60 万千瓦快堆核电站，2030年建成120万千瓦高增殖快堆核电站。通过不间断发展快堆，若60年内能获得200万吨天然铀，将使2050年快堆占我国核电总量的一半。

四、流程工业绿色制造及循环经济生态链构建工程

流程工业是我国工业化中的产业主体，流程工业的技术进步及资源节约、环境友好水平，都是我国综合竞争力的重要标志。构建流程工业间及与社会间的循环经济生态链，对于高效利用各种资源、降低流程工业的能源、资源消耗、污染和温室气体排放将起到至关重要的作用。

主要突破流程工业资源、能源高效利用技术瓶颈，开发和研究主要产业的绿色制造流程；突破行业间集成优化技术，开发行业间、流程工业与社会间的循环经济关键技术；开展流程工业循环经济产业链科学评价方法学研究；建立流程工业间以及和社会间开展循环经济的示范工程。

2030年前，建成一批以“分子炼油”技术为核心的炼油化工集成优化、常规和非常规原油高效利用炼油化工一体化工业装置；形成基础化工、石油化工、煤化工、生物化工、精细化工集成优化技术与循环经济构建技术，建成若干循环经济产业园区；开发IGCC联产油品、天然气、化学品、建筑材料的集成优化技术及一批工业装置；实现劣质煤炭的高效利用；形成温和有色金属高效提取整体技术和废弃物综合利用技术与装备；开发高温冶金技术处理城市和工业固体废弃物技术以及水泥窑协同处置危险废弃物和生活垃圾的关键技术，在全国范围内改造一批新型水泥生产线，完善流程工业间及其与社会间循环经济产业园区建设。

五、控制PM2.5核心制造体系国产化工程

以细颗粒物（PM2.5）为主体的大气复合污染严重威胁人民群众健康和环境安全。目前控制PM2.5的大部分核心技术、设备和材料掌握在发达国家手里，亟须开展控制PM2.5核心制造体系国产化工程，为我国大气污染防治奠定必不可少的基础。

系统开发控制PM2.5的核心基础材料、核心仪器仪表、核心技术和核心设备。重点开发耐高温陶瓷滤料、滤袋覆膜材料、湿式电除雾耐电防腐材料，

低温脱硝及无毒脱硝催化剂、脱硫副产硫酸有机吸收剂、VOCs 高效催化剂及吸附剂等核心基础材料；高精确计量微量振荡天平、气溶胶发生器、大气颗粒物采样器、PM2.5 及前体物监测等核心仪器仪表；高效雾化、高温除尘、烟气低温脱硝与脱硫脱硝除尘一体化、水泥窑低氮燃烧、脱硝催化剂再生处置、湿式镁法烟气脱硫等核心技术；收尘抑尘、壁流式 DPF、烟气预处理调质、低氮燃烧、低温烟气脱硝催化剂生产等核心设备；并开发重点行业 PM2.5 及其前体物减排清洁生产技术，5 年内形成我国 PM2.5 控制核心制造体系，8 年内大规模生产和应用，配合综合性污染防治措施，10 年内全面提升我国大气复合污染综合防治技术水平。

六、生态保护和建设工程

生态保护和建设是建设生态文明的关键任务，通过保护和改善自然生态系统、治理和改善人工生态系统，处理好各种复合生态系统在景观、区域和全球层次的生态关系，达到人、社会和自然和谐发展的要求。我国已相继开展了一系列生态保护与建设工程并取得一定成效，但全国生态整体恶化的趋势未得到有效遏制，急需进一步加大生态保护和建设力度，持续实施并启动新的生态保护与建设工程，并通过发展生态产业，显著改善民生，促进社会生态公平。

以重要生态功能区建设为核心，加强水源涵养、土壤保持、防风固沙、生物多样性保护工程，发展环境友好型产业，逐步提升重要生态功能区生态服务功能；以自然保护区建设为主线，加快实施珍稀濒危物种、自然资源保护工程，建立遗传资源和基因保存库，完善物种资源保护体系；以林业、农业、海洋、草地、湿地和土地利用领域为主体，实施生物碳汇扩增工程，提高我国植物碳汇扩增和碳减排能力及应对气候变化的能力；以工程建设与生态环境和谐发展为目的，加强矿产资源开发、能源化工基地建设和城市化进程中的生态修复和生态保护工程建设，持续优化人工建设系统的生态环境；开展重大工程生态评估，构建全国生态监测、评估与预警体系。

到 2030 年，构建起较为完善的国家生态安全体系，“两屏三带”生态安全格局基本形成，90% 以上国家重点保护野生动植物得到有效保护，生态系统结构得到进一步优化，生物碳汇和生态服务功能得到大幅提升，生态恶化趋势得到总体控制。

七、新一代信息网络工程

新一代信息网络技术对各行业影响逐渐深化，技术自主性对国家安全至关重要。创新的信息网络体系架构正在变革传统网络和通信系统的设计理念和应用模式，有可能掀起新一轮产业化热潮，我国亟须抓住新一代信息网络技术的发展机遇，建成世界一流网络强国。

本工程将重点突破未来网络体系架构、新型路由交换设备制造、网络/终端操作系统、网络虚拟化/软件定义、网络绿色高效节能、数据光网络、第五代移动通信、物联网与云计算等关键技术，构建智能感知与灵活可重构的信息网络技术体系，实现自主安全可控的信息网络架构，构建新一代软硬件开发技术与环境。2030 年前后建成异构融合、安全可控、绿色节能、灵活可扩展的新一代信息网络基础平台，完成核心网络设备的自主研制，为智能安全的信息化社会奠定基础。

八、智能城市工程

我国城市化进程正以前所未有的速度向前推进，预计 2015 年城市化水平达到 60% 左右。城市的快速发展带来了诸多问题，亟须开展中国特色智能城市建设，推进和保障城市规划建设、管理服务、经济发展、资源利用、环境保护、安全运行和科技创新高效化、现代化。

本工程重点关注以下 4 项重要任务：一是重点建设宽带承载网络、物联数据平台、城市数据中心、城市信息与知识中心等信息网络基础设施，以信息化推动智能化；二是开展智能城市规划、智能交通物流、智能建筑家居以及智能公共服务等城市基础设施系统建设，全面提升城市规划、管理和服务水平；三是开展医疗健康、环境卫生、城市安全等智能应用系统建设，保障城市居民健康需求和城市和谐稳定；四是开展智能制造与协同创新、智能商务金融及高水平服务业建设，推动城市经济结构合理转型。

5—10 年内完善国家智能城市的有关标准，完成多类别、不少于 20 座城市的智能化典型建设工程。2030 年实现全国城市智能化升级，保障我国城市化合理有序进行，形成具有中国特色的智能化城市发展模式。

九、能源及信息产业用关键材料系统工程

能源与信息产业是国民经济与国防工业发展的重要基础，发展能源关键材料，攻克集成电路、新型显示、高端电子元器件、先进仪器仪表用关键信息材料核心技术，对于保障我国的能源体系建设和高技术产业的发展具有重要意义。

主要发展以锂离子电池、镍氢电池和燃料电池为代表的动力和储能电池所需的关键材料；发展太阳能光电、光热利用材料，锆合金材料，核电用大型铸锻件；发展非晶合金和节能玻璃等节能材料；建立微电子关键配套材料工程化技术体系，攻克半导体照明材料共性关键技术，发展光电功能晶体；突破无机、有机光电显示材料的工程化技术，高端陶瓷元器件材料实现国产化。

力争在 2030 年前后，高比能量新体系动力电池实现规模化生产；储氢及燃料电池用材料实现大规模商业推广应用；建成完善的太阳能中高温利用技术和产业体系；核级海绵锆/铪及锆/铪合金材料全面实现国产化；构建完备的大面积、性能稳定的电致变色智能型节能玻璃系统；实现大尺寸硅材料、SOI、第三代半导体材料及微电子配套材料的规模化生产；拥有发光效率达到国际先进水平的白光 LED 和 OLED 产业化技术；人工晶体材料、信息功能陶瓷以及高端传感材料的工程化技术达到国际先进/领先水平，掌握自旋电子材料和新型、海量存储材料的产业化技术，研发碳基电子学材料。

十、“基于网络的设计/制造/服务一体化”示范工程

宽带网、大数据和云服务等快速发展，形成了低成本、分布式、个性化网络化制造模式，是工业化与信息化高度融合的进一步体现。

未来大型复杂产品的动态商业制造联盟，将基于互联网建立异地协同制造平台。本工程将建立基于网络的设计/制造/服务一体化的基础技术与共性技术和知识服务平台，建立大数据库和软件库；建立基于网络的并行协同产品研发平台，推进示范工程；整合现有产品设计、制造和服务资源，构建面向对象的

异地协同设计与制造平台，突破平台构建、全流程仿真、增材制造、柔性装配、基于微机电系统（MEMS）的大型复杂系统健康管理等关键技术。规范商业运营模式，针对典型行业建立设计/制造/服务一体化的新型产业结构体系。

2020年前，在航空、汽车等领域率先实现基于网络的设计/制造/服务一体化，产品研发周期缩短一半，成本降低50%；2030年在特定领域全面推进，产品研发周期和成本总体再降低50%，形成全球化产品快速研发和快速服务响应能力。

十一、新能源汽车大规模产业化工程

汽车发展正面临来自能源、环保等方面的巨大压力，发展低能耗、低排放和多元化的汽车是经济社会发展对汽车工程科技提出的必然需求。目前世界范围内尚无新能源汽车大规模产业化先例，我国新能源汽车的关键技术研发与世界同步，如果能在国际上领先解决大规模产业化与应用问题，将有利于提高我国节能与新能源汽车国际竞争力，实现我国从汽车大国走向汽车强国的目标。

突破动力电池、驱动电机和电子控制等核心总成与关键元器件的研发及产业化技术、电动汽车与可再生能源汽车产业化技术，开展可再生能源在汽车动力驱动中的应用技术研发，建设具有国际竞争力的新能源汽车产业链。

到2030年，全面掌握新能源汽车核心技术，形成具有国际同期水平的产品，小型纯电动汽车、大型纯电动商用车、常规混合动力汽车和插电式混合动力汽车形成比较优势，先进动力电池、驱动电机等关键零部件及其核心材料具有较强国际竞争力。形成新能源汽车整车及关键零部件的产品开发、生产、供应和售后服务保障体系，新能源汽车规模化生产能力和网络化服务能力满足市场需要，实现新能源汽车的大规模产业化。

十二、250座级宽体飞机工程

发展大型客机是我国新世纪重大战略决策。大型客机是建设创新型国家的重大标志性工程，以我为主发展大型客机，实现国产民机产业化发展，并形成具有国际竞争力的航空产业，对提高我国经济实力、带动我国科技进步具有重要意义。

2020 年前完成关键技术攻关，发展具有自主知识产权的、具备国际同期先进水平和竞争力的我国新一代宽体客机技术。2020—2030 年间，完成宽体客机的工程研制并产业化。到 2030 年，使我国突破宽体客机关键技术，掌握具有自主知识产权的新一代宽体客机核心技术，建立和完善中国民机技术系统的设计、工艺标准体系，培养一批民机领域高级研发人才，建立民机科技创新平台，逐步形成我国民机科技创新体系；研制成功 250 座级宽体客机并投入运营，进一步完善我国民用客机的产品谱系，提高国产民机产品竞争力，将我国大型飞机制造业发展成为具有国际竞争力的产业。

十三、现代生物种业工程

发展生物种业是突破资源约束、促进农业长期稳定发展、确保我国粮食安全和农产品有效供给的重要基础。

构建国家现代生物育种体系，应着力突破农业生物资源规模化鉴定、功能基因发掘、杂种优势利用、染色体与细胞工程育种、分子标记辅助育种、全基因组选择育种、转基因育种、分子设计育种、合成生物育种、高效种子生产和加工等关键技术，创制超级稻、优质小麦、抗虫杂交玉米、高油大豆、抗虫杂交棉、双低油菜、高繁殖力瘦肉型猪、高产节粮型蛋鸡等重大动植物新品种；建设一批生物育种表型鉴定平台、基因型鉴定平台；依托优势种子企业面向主产区建设区域育种站、生态测试站、良种繁育基地和良种良法集成与标准化示范基地；构建从种质创新、良种培育、种子繁育到技术推广全产业链科技支撑体系以及种业保障体系。

5—10 年内建立国家级生物育种规模化表型鉴定平台、基因型鉴定平台各 2—3 个，培育重大新品种 50 个，打造现代生物种业领军企业 8—10 个，推进“育繁推”一体化发展，初步形成产业发展集群，生物育种产业规模达到 2000 亿元，大幅提升我国种业科技创新能力。

十四、食物安全保障工程

全面构建食物安全保障体系，破解资源刚性约束、环境压力趋紧、农业生产率和农产品结构质量低等难题，支撑我国粮食及食物安全，保障国民营养健康水平不断提升，意义重大而迫切。

重点突破农田质量提升关键技术，强化高标准农田建设，建立新型高效种植、农作物重大灾害综合防控、规模化机械化生产的技术支撑体系。突破畜禽水产健康养殖、动物营养调控、养殖废弃物处理与资源化利用等关键技术，加强动物疫病综合防控和集约化标准化生产技术集成示范。突破典型污染流域污染治理与生态修复关键技术和产品，建立农业清洁流域生产系统，重构可持续发展的农田生态系统。突破农产品加工各环节技术瓶颈，构建精深加工与标准化技术体系。

5—10年内力争在粮食主产区建成10亿亩高标准农田，生产能力提高20%以上，粮食因灾损失率降低至8%以下，全面提高主产品机械化生产率、资源循环利用率和产地环境安全水平，建立健全从田间到餐桌全程化产品质量安全控制体系，系统增强农业综合生产能力和农产品质量安全保障能力。

十五、慢病防控与健康管理工程

发达国家已大幅降低慢病的发病率和病死率，我国慢性疾病的发病率仍在直线上升，患者人数接近5亿，占病死率的85%，已成为主要疾病负担，开展慢病防控与健康管理工程迫在眉睫。

需制定我国慢病防控和全民健康战略规划，推进慢性病防治立法，建立慢病防控体系，强制开展健康教育和慢病控制，包括慢病筛查和三级防控（危险因素干预、早期诊断和治疗、防复发）；建立慢病基本药物保障体系，实现适合国情的诊疗器械和药物研发、生产、发放监控一体化，积极发挥中医作用；建立国家慢病防控信息化支撑平台，培养慢性病防控专业队伍。将人群慢病知晓率和控制率提高到85%和50%，心脑血管事件发生率下降30%，慢病负担降低30%，慢病患者平均寿命延长5年，慢病防控水平接近发达国家，受益人数将超过5亿，全面提升我国慢病防治水平和国民健康素质。

十六、“清洁能源”、“低能耗”农村建设示范工程

我国农村地区目前年生活用能消耗量巨大，由于缺乏合理的技术手段和政

策引导，在农村生活用能快速增长的同时，农村住宅室内环境恶劣，每年造成上百万人超额死亡。通过“清洁能源”、“低能耗”农村建设示范，可大幅降低农村住宅能耗，改善村镇人居环境和健康水平，带动农村地区绿色能源的产业化发展。

主要研究农村建筑能源环境可持续发展模式，制定相应发展策略、政策法规和标准规范；研究农村建筑节能与指标体系和关键技术，建立不同地区气候特点的农村建筑节能热指标体系、标准、设计导则，开发相应的建材、保温、火墙、低成本热泵等材料和技术，形成可持续发展的农村建筑环境技术体系；研究农村太阳能利用关键技术，特别是开发经济适用的太阳能利用技术；研究农村生物质资源利用的关键技术，并实现低成本和产业化。

到 2020 年，实现绿色能源应用产业化，农村地区建筑常规能源总消耗比 2010 年降低 40%；到 2030 年，农村地区建筑常规能源总消耗比 2010 年降低 60%，创新型可再生能源利用产业年产值达 300 亿元。最终通过核心技术突破、资源整合、产业推动，实现农村地区可持续发展的战略目标。

十七、长江流域水循环调控与水安全保障系统工程

长江流域在我国占据极其重要的战略地位，是我国水资源配置的战略水源地、连接东中西部的黄金水道、能源战略重要基地和珍稀水生生物天然宝库。统筹全流域水资源调控，对保障我国水安全，推动沿江特别是内陆腹地梯度开发、开放发展，培育新增长极具重要意义。

利用 5—10 年构建以“流得畅、蓄得住，调得动、传得快，控得准、管得好”为特征的长江流域现代水循环调控基础设施体系与智能管理体系。一是逐步建立长江流域河湖水系连通格局。以自然河湖水网和取、供、输、排水渠系或管道网络为基础，以控制性水利枢纽工程为核心，建立完善的防洪减灾系统、黄金水道系统、城乡供排水系统、农业灌溉系统、水力发电系统和水生态环境保护系统。二是构建全面的水循环监测体系。建立空天地一体化立体监测网络，建立水在自然系统和社会系统流动中信息处理基础设施和数字化系统。三是建立统一的智能调控系统。建立国家级、流域级和区域级（覆盖省、市、

县）层次化调控系统平台，开发智能感知、仿真、诊断、预警、调度、处置、控制和评估等功能，促进水流、信息流和业务流一体化融合，统筹优化长江流域防洪、供水、灌溉、发电、航运、水资源与水生态环境保护等任务，保障长江流域水资源统筹管理。

十八、分子诊断与生物大数据工程

我国每年近7500万人罹患四大类慢性病，出生缺陷率在5.6%左右，每年新增出生缺陷约100万例。基于分子诊断开展遗传病基因筛查和四大类慢病易感基因筛查，建立疾病大数据库，是优生优育和慢病防控的基础，将推动医学模式转换，具有重要经济效益和社会意义。

将建立基因组分析检测平台，建立大规模独立第三方医学细胞遗传学检测实验室并构建生物大数据库，5年建成900万人份的数据库，10年建成1800万人份的数据库，在全国12个示范省（区、市）建立分子诊断中心，形成对遗传病、慢性病等进行低创或无创取样、个体化早期分子预警、诊断和个性化治疗所需检测的服务能力。形成疾病系统化分子诊断体制，研发简便、价廉的诊断试剂，将主要遗传病筛查费降到现收费标准的10%以内，每年出生缺陷发生率降到现有水平的50%左右，疾病单个样品检测费用控制在500元左右，指导早期干预、有效抑制发病率，使医疗费用比现有水平下降20%—30%。

十九、空间技术应用工程

空间技术与工程能力水平是国家综合国力的象征，具有高度战略性、广泛带动性和巨大应用价值。我国空间技术发展正处于从试验应用型向业务服务型转变的关键阶段，亟须大力推进空间技术应用，以充分发挥空间技术的应用效益，服务于国家战略和经济社会发展。

基于国家民用空间基础设施建设，广泛利用国际资源，建立开放共享、民商结合的多元化发展模式，大力发展基于自主卫星、具有自主知识产权的终端产品、应用技术、应用系统和增值服务体系，建设综合性卫星应急通信基础网络、北斗位置信息综合服务体系、多源数据处理与应用集成服务平台，面向重点领域、区域和大众应用，建设一体化、网络化、智能化、定制化的空间信息服务体系。积极推进行业、区域、大众等领域卫星通信、导航、遥感深度应用及综合应用示范工程。促进卫星应用技术与物联网、云计算、大数据及其他新型信息技术融合，基于自主的通信、导航、遥感卫星系统，建设天地一体化物联网、空间宽带互联网以及区域、全球信息安全网络体系。加强空间生物技术、空间材料加工与合成技术等研究，加速空间物质产品研发、产业技术研究和转化。积极推进航天器制造与集成技术在高端装备制造、新能源、新材料、节能环保、电子信息等领域的转化与融合应用。

2020 年，空间技术有效支撑重大行业应用，建立比较完善的卫星应用产业体系。2030 年，空间技术应用水平进入国际先进行列，卫星通信、导航、遥感的产业服务能力大幅提升，全面支撑经济社会创新发展。

二十、海洋环境监测与资源开发利用工程

海洋已成为世界政治、经济、军事和外交斗争的重要舞台，各国主要围绕海洋环境认知、海洋资源能源开发和海洋权益维护等三大能力开展竞争。为提高我国海洋竞争力，实施海洋立体监测与信息服务、海水资源开发利用、深海资源勘探开发利用等工程具有重要的战略意义。

海洋立体监测与信息服务工程主要突破空基、岸基和海床基的海洋环境观测传感器及设备、数据传输和处理技术、知识化数字海洋平台构建技术；海水资源开发与利用工程主要突破集成开发低能耗高效海水淡化组合技术和海水化学资源精细化、高值化和无害化生产技术；深海资源勘探开发与利用工程主要突破油气、多金属结核、富钴结壳和多金属硫化物以及深海生物基因等深海资源的探查和开发关键技术和重大装备研发技术。

2030 年，建成基于卫星、航空、地波雷达、浮标、船只、ARGO 网以及海底观测网，覆盖我国管辖海域的大气—海面—水体—海底观测结合、深剖面、多学科的立体探测网及实时海洋信息服务系统；实现海水淡化与综合利用产业化，淡化水价格基本能与自来水相竞争，海水淡化成为淡水缺乏地区城市的重要水源，开发出具有高附加值的系列产品，海水化学资源综合利用能力提升；

实现我国海洋油气开发由近海向 3000 米深海的技术转移，实现深海海底资源分布区三维地质探测及综合反演解释，建立深海环境模拟与微生物培养平台，显著提高深海极端生物样品 DNA 提取技术、大分子库构建技术等特种生物技术水平，为未来海底资源商业化开发利用建立技术储备，保障我国海洋战略资源安全。

第六章　重大工程科技专项建议

为了提高自主创新能力，在一些重要、新兴领域抢占技术制高点，本项目提出20个重大工程科技专项，推动先导性高科技进步，促进工程科技的整体发展。

重大工程科技专项主要指由多个具有前瞻性、先导性和探索性的重大关键技术组成，支撑未来重大工程突破和新兴产业发展的重大科技攻关项目。

一、现代生物基能源高效开发与利用技术

充分利用我国大量不宜农牧的边际性土地发展能源作物，以及数量巨大的农林废弃物、生活垃圾，发展生物燃料、生物化学品和生物材料，对扩大能源资源和解决“三农”及环境污染问题、改善生态意义重大。将重点突破基于转基因技术的高生物量作物培育种植技术、5万—10万吨/年级纤维素乙醇及生物制油产业化技术、低劣生物质高效生产沼气技术、多元生物化学品生产技术、生物基材料生产与加工应用技术。积极培育高生物质产量生物油藻技术与CO_2人工光合成燃料技术。

二、新一代电网技术

新一代电网技术，是传统电网技术与现代信息通信技术、先进电力电子技术、新材料技术等交叉融合形成的新领域，是实现高效、安全、绿色和节能电网的重要途径。突破超高压直流电网、智能电网、微网和全封闭新型输配电系统关键技术与装备，5年内实现新一代电网高端装备的自主设计、制造；5—10年内，一批重点示范工程投入运行并收到实效并逐步推广。

三、非常规天然气开发与高效利用技术

我国非常规天然气资源丰富，其中致密气、煤层气和页岩气可采资源量约30万亿立方米，是常规天然气总量的1.5倍；全球天然气水合物资源总量是传统化石能源的2倍，主要分布于深海和永久冻土区，是一种新型洁净能源。将以实现页岩气大规模开发利用和深海天然气水合物开发技术突破为重点，开展

页岩气基础理论、工程技术与装备攻关，5年左右实现冻土区水合物工业试采并努力突破深海水合物试采关；5—10年形成支撑非常规气大规模利用的基础理论与配套技术体系，突破深海水合物勘探开发技术与装备，实现商业开发和规模应用，致密气、煤层气和页岩气产量提高到1500亿立方米（页岩气200亿立方米）左右；2030年前后，达到2500亿—3000亿立方米（页岩气600亿—800亿立方米）以上，成为支撑我国天然气工业健康发展的主体资源。

四、深部矿产勘查与开发技术

矿产资源是国家经济与社会发展的物质基础，我国工业、城镇化中期阶段对矿产资源的需求快速增长，目前石油、铁、铬、锰、铜、铝、镍、钾盐等矿产的国内保障程度已不足50%，矿产资源自给率涉及国家经济及政治安全，形势严峻。加强勘查与矿产开采，提高矿产资源自给率是当务之急和长远任务。

我国现阶段矿产勘查及开发主要是地表500米以浅，500米至2000米范围尚有较大的资源潜力，千米以下深部采矿是当务之急，急需建立深部矿产勘查开发的科技支撑体系。应进一步创新大陆成矿理论，深化研究矿床成矿模式、找矿模型以及我国重要矿产、重要成矿区带和矿集区成矿规律，研发高效深部矿体物探、化探新技术方法，研发大型化、智能化的遥控与自动定位采矿设备及相适应的高效采矿技术。

5年内完成深井大产量智能采矿示范工程，10年内形成一套深部矿产勘查有效的理论、方法技术体系，形成深部矿产资源开发技术体系与装备能力保障，建成智能矿山，为国家提供新的矿产资源开发及储量基地。

五、全球环境问题应对

全球环境问题日益成为各国政府、科技界和公众共同关心的全球性重大问题，应积极应对全球环境问题，树立负责任大国形象，促进可持续发展。

未来10年，应发展先进数值天气模式和地球气候模式，开展全球和我国未来气候变化、影响及应对措施研究；系统开展二氧化碳减排、捕集、利用和封存重大环境技术研发，建立多过程集成与资源化循环利用的二氧化碳固定技术体系；推进荒漠化治理、植物碳汇、生物多样性和生物遗传资源惠益共享；开展污染物、有毒有害以及放射性物质远距离传输和控制技术研究。为我国不同区域、不同层次环境问题应对和国际履约提供整体解决方案和技术支持。

六、环保产业技术支撑体系

我国环保产业与发达国家水平和国内需求相比差距较大，开发建立完备的环保产业技术支撑体系，对于满足经济发展对环保产业和技术的需求、提升我国环保产业发展水平和国际竞争力、促进经济社会又好又快发展具有重大战略意义。

重点研发与推广清洁空气、水安全保障、污染土壤快速修复的标准化和智能型成套设备，气体净化核心材料，水处理核心材料与绿色药剂，空气质量自动监测设备，大气污染源连续自动监测设备，水污染源自动监测设备等。发展环境污染治理设施运营服务业、环境咨询服务业及环境服务国际贸易。着力发展环境监测社会化服务业，以产业发展推动“国家监察－地方监管－企业负责”环境监管机制的落实；发展形成现代化环境监测技术体系，包括污染源在线连续自动监测监控系统，环境应急监测和风险评价技术，区域、流域和大生态环境地空天一体化遥感遥测技术等。

到2020年，在3—4个环保产业重点领域的材料、技术和装备的工程化研发、设计和产业化上取得突破，基本建立支撑我国环保产业快速发展的核心技术、产品和装备体系。环保产业产值保持年均增长15%以上。

到2030年，基本形成以企业为核心、产学研相结合、运转高效的自主创新体系，若干重点领域实现一大批具有自主知识产权、达到国际先进水平的环保产品和技术产业化，重大装备国产化率达到90%以上。环境服务业市场化程度进一步提高，基本建立高效的环境服务体系，环境服务业收入达到环保产业总收入的50%以上。

七、流程工业二氧化碳减排、回收和利用技术

2008年我国化工、冶金和建材三个流程工业CO_2直接排放量30.91亿吨，化石燃料引起的CO_2排放量19.62亿吨，占全国化石燃料引起CO_2排放的

27.41%，占工业化石燃料引起 CO_2 排放的 50.61%。实现流程工业生产过程能耗的大幅度降低和 CO_2 的有效捕集，降低 CO_2 排放，实现 CO_2 资源回收和利用，建立并完善碳减排评价方法体系，对减少我国 CO_2 排放，应对全球气候变化具有重要的战略意义。

主要开发流程工业生产过程节能减排、清洁生产的集成技术；开展流程工业碳减排评价的生命周期评价（LCA）等方法学研究；探索、研究和评估流程工业作业线的 CO_2 浓缩、分离、捕集、储存及利用的技术方案；研发低碳生产工艺、低碳技术、低碳产品；形成并推广钢铁、石化等工业过程的高效、低能耗、低成本 CO_2 捕集、利用、封存技术的示范线。

到 2030 年，流程工业中节能减排技术普及率大大提高，重点产品能效显著下降：石化工业单位产品 CO_2 排放比 2005 年降低 20%；钢铁工业吨钢 CO_2 排放比 2005 年降低 30%—35%；有色金属行业单位能耗比 2005 年降低 20%；单位水泥产品 CO_2 直接排放量比 2005 年降低 16%—18%。

八、高端仪器仪表和医疗器械

我国深空深海探测、大飞机、高速铁路、核电、大型石化以及医疗健康等国家重大工程和国计民生都对现代仪器仪表发展提出了迫切需求。

亟须推动仪器仪表制造技术攻关，研制制造业精密测量仪器仪表设备；攻克高端医疗仪器核心关键技术，突破影像诊断高端设备、生化/遗传/免疫体外诊断设备、微创或无创高分辨率 3D 影像引导诊治一体化设备、高性能数字医疗平台系统等关键技术与核心部件生产技术，并对前沿性医疗器械进行战略部署；研制与食品安全溯源相关的预警设备和监测仪器、高端深空探测仪器，建设以铯喷泉钟为基础的中国原子时标基准。

2030 年逐步实现关键仪器仪表制造自主化和安全化，大幅提升产业规模和市场占有率。

九、认知计算与神经系统

认知计算与神经系统是脑科学与物理、信息、工程等学科的交叉融合，极可能产生突破性发展。脑科学不仅能治疗神经系统疾病、改善儿童教育，还能研制类脑计算机与类脑信息处理系统，将会对信息及相关领域技术与产业发展产生革命性影响。

我国需深入开展认知计算与神经系统重大理论和关键技术研究，突破基于脑认知的视觉加工模型、基于视觉的自然环境感知技术，基于认知计算实现多传感器跨模态跨尺度信息融合与快速识别；发展多层次神经信息检测、分析和处理新技术新方法，实现机器对神经活动的信息解析、运动表征和行为感知，构建基于双向信息传递的脑机接口技术平台等，力争2030年达到国际领先水平。

十、大数据与软件技术

大数据是随着互联网、超级计算、环境科学、生物医药等技术发展而产生的新的科研范式，将引起科研组织方式的深刻变化。加强大数据技术、基础软件和高端工业应用软件研发力度，是实现“两化深度融合”的重要支撑，对确保我国信息、网络空间安全具有重要而深远的意义。

开展大数据采集与挖掘、存储与处理、语意和图像分析与应用，突破海量数据分布式存储、数据智能分析等核心关键技术，在医疗、食品、交通、物流、环保、金融等领域实施大数据资源开放共享与应用试点示范，探索大数据与云计算、物联网、移动互联网等产业协同发展的新模式，积极培育大数据产业；大力支持云操作系统的研究开发，使之成为国际上主流的云计算平台；研制支持通信、事务管理与协调、负载均衡、失效恢复、应用整合等的网络应用服务中间件及相应的集成和开发环境，支撑重大行业信息化应用；研究具有自主知识产权的智能终端操作系统，开发新型嵌入式操作系统、数据库及嵌入式软件开发工具等；研发和应用企业生产过程管控一体化软件；研发与应用工业对象建模技术、核心优化算法与仿真系统，使我国高端制造装备和大型企业摆脱缺少核心控制软件和管理软件的困境。

到2030年前后，自主可控的大数据软硬件产品国内市场占有率达到80%，通过计算机与通信技术的融合，互联网、通信网和广播网的融合，基础芯片和基础软件的协同，基础软件和工业软件的协同，形成以自主可控软件为核心的自主可控的基础信息技术基础平台，国家数据资源掌控能力和应用能力大幅提升。

十一、智能农业

智能农业是提高农业产业效率、解决产业安全问题的重要途径。

面向大田作物、设施蔬菜、果树、畜禽与水产等集约化生产经营全产业链，突破数字农业、大数据处理、智能作业、农产品快速检测等关键技术，攻克基于“星－机－网”的农作物、土壤和农田环境信息协同感知与机载快速获取等关键技术，突破主要动植物育种数字化智能化管理、农业物联网、农艺农机智能化融合技术和装备。

5—10 年内实现农情监测、精准施肥、智能灌溉、病虫草害监测与防治等生产过程数字化、精准化管理，实现养殖生产过程信息化，建设国家农业基础数据资源库，构建农产品流通信息平台及电子商务平台，大幅提高农业综合生产能力和支撑保障水平。

十二、数字卫生

基于现代医学信息化科技的广泛应用，针对每一位公民的健康维护，以资源共享和互通为基础的数字卫生已成为构建现代医疗卫生服务体系的重中之重，对深化医疗卫生服务体制的改革、维护全体公民的健康、加快和谐社会的构建和推进经济社会的发展具有十分重要的战略意义。

构架跨部协作机制，建立国家层面卫生信息协调办公室，加强统筹协调；出台卫生数据共享、标准执行、安全和隐私法案等配套政策法规，构建国际接轨的数字卫生标准体系，推进数字卫生信息的互通、共享和安全使用。主要发展电子病历、居民健康档案等基础卫生信息标准开发，实现数字卫生规范标准和运行机制的统一与实施；建设全国统一标准的居民电子健康档案和电子病历，建立资源共享的国家、省、县三级数据中心；建立跨医院及社区服务机构的分散协作式医疗服务模式，实现医疗服务模式创新的产业化；促进国产适用型医疗仪器设备的产业化、公共卫生与健康服务与转化医学研究相结合的产业化；开展前沿信息技术在医疗行业的应用研究；研究传感器与电子计算机结合并用于疾病诊断，构建数字人体，解决医疗大规模数据存储与分析及医学图形图像处理问题。

到2030年，形成以全国统一标准的居民个人电子健康档案、电子病历、公共卫生信息为基础的数据中心和资源共享系统，实现基于宽带网络的远程诊疗和健康咨询服务，建立实用的医疗信息共性技术平台，全面实现国家数字卫生工程建设总目标。

十三、特种功能材料工程化技术

突破高性能稀土功能材料产业化技术、新一代生物医用材料工程化技术、纳米材料和超导材料制备关键技术以及有害材料、贵金属及稀缺材料替代技术，形成具有国际竞争力的特种功能材料产业，对于发展高新技术、满足全民医疗保健需求、有效利用稀缺元素、促进节能环保等具有重要意义。

重点发展先进高效清洁稀土提取产业化技术和高性能稀土功能材料制备和产业化技术，开发稀土新用途，改善稀土应用结构，缓解稀土应用不平衡问题；突破生物医用材料和制品的工程科技瓶颈，发展钛合金、精密陶瓷、医用高分子等新一代医用材料及植入、介入产品；研发新型纳米复合材料、纳米结构功能一体化材料、碳基纳米材料等，形成具有自主知识产权的功能纳米材料产业化技术；发展超导带材和线材规模化制备技术、铁基及新一代超导材料、新型热电材料及其制备技术、先进可降解有机材料及工程化技术，推广铅、汞、六价铬、镉等有害元素替代技术，研发廉价合金材料以替代铂、钯、铑、铱等贵金属。建设材料技术创新平台和工程化基地。

力争在2030年前后，实现绝大部分稀土材料与器件国产化，高磁性能稀土永磁材料、高光效低光衰稀土发光材料、高稳定性稀土催化材料性能达到国际先进水平；全面实现高端生物医用材料及器械的国产化，促进高端医疗器械的工程化技术突破，形成现代生物医用材料的产业体系；完成高端微电子和光电子器件用纳米材料的工程化研究，实现批量生产；超导材料和产品核心关键技术达到国际先进水平；通过材料制造技术和产品应用技术优化，实现稀缺金属、贵金属的替代和节约及上述有害材料的全面替代。

十四、先进结构材料及新型复合材料工程化技术

高性能铝合金、钛合金、镁合金、新型高温合金、高性能纤维及新型复合材料等是支撑我国交通运输和航空航天发展的重要基础材料，材料研制先行和产业技术攻关对保障我国大型飞机、载人航天、探月工程和高速铁路等重大工程的顺利实施具有重要的战略意义。

主要发展新一代高强高韧铝合金、钛合金、镁合金材料的工程化技术及其板棒管线材的精密制备技术和应用技术；发展国产高温合金材料制备技术，发展双组织、双性能特点的涡轮盘工程化技术以及耐高温单晶叶片制备技术；以碳纤维、对位芳纶、超高分子量聚乙烯纤维为重点，带动耐热等级和强度更高的聚苯并咪唑（PBI）、聚苯并恶唑（PBO）等其他高性能纤维共同发展，着重解决重要单体制备、原丝树脂聚合、纤维纺制、回收循环利用等关键技术，达到节能降耗、降低成本的目的；解决关键生产设备制造技术国产化，重点提高设备制造精度、自动控制和节能降耗水平等。

力争在2030年实现国产大型飞机等领域用先进铝合金、钛合金、碳纤维材料的全面国产化；实现镁合金等拥有资源优势的轻金属及合金在航空航天和交通领域的规模应用；实现难变形高温合金涡轮盘的批量应用，开发出纤维增强的粉末高温合金涡轮盘和第四代单晶高温合金叶片；国产碳纤维产品在国际市场成为主流产品，开发出M65J和M70J级高性能超高模高强碳纤维，掌握碳纤维复合材料结构智能制造技术，实现我国交通运输和航空航天用重要结构材料的全面国产化；完善PBI、PBO等高性能纤维规模化生产技术，产品水平达到国际先进水平，实现在航空航天等领域的工程应用并全面推广应用。4吉帕以上纳米线增强复合材料、宏观各向同性原位增强复合材料开始获得应用。

十五、高端及微纳制造技术

微纳制造是21世纪战略必争的高科技前沿。微纳制造在汽车、石化、通信等行业得到广泛应用，正在向环境与安全、医疗与健康等领域迅速扩展，并在新能源装备、半导体照明工程、柔性电子、光电子等信息器件方面具有广阔的应用前景。微纳器件及系统因其微型化、成本低、批量化的鲜明特点，对现

代生产、生活将产生巨大的促进作用，为相关传统产业升级提供了机遇，并催生了一批新兴产业，成为世界上增长最快的产业之一。

研发多材料、跨尺度、与制造系统集成的微纳制造设计工具。掌握硅与非硅材料混合集成加工技术，大尺度纳米压印，低成本 LIGA 技术，跨尺度自组装技术，无掩模纳米光刻技术。开发实用化、一体化的微纳操作、装配与封装技术和系统。开发基于扫描探针显微镜（SPM）和透射电子显微镜等原理的原子/分子分辨率纳米表征测试技术与装备。进一步提高人工视觉假体的图像识别能力和集成度，研发介入式血管诊疗微纳米机器人。2030 年，微纳集成制造设备、低成本大尺度纳米压印设备、跨尺度多材料自组装设备得到广泛应用。基于 SPM 和透射电子显微镜等原理的原子/分子分辨率纳米表征测试设备得到实际应用。介入式血管诊疗微纳米机器人达到实用化。

十六、增材制造技术

增材制造技术将引发制造模式的重大变革，正在航空航天等战略装备研发及医疗等个性化制造中发挥重大作用，世界各国高度重视，我国应积极部署、迎头赶上。

以航空航天产品高效研制、医学组织器官定制化制造、汽车及其发动机创新开发、微纳器件三维制造为重点，开展增材制造核心技术系统攻关，5 年左右增材制造主流技术达到国际先进水平，10 年后部分指标达国际领先水平。培育产业链，推动航空航天、生物医疗、文化创意、汽车、电子等重点行业示范应用。

十七、航空发动机

航空发动机及其改型燃机是海、陆、空、天各类装备平台的“心脏”，发动机落后已成为严重制约我国航空工业和国民经济发展的“瓶颈”。航空发动机是高科技战略性产业，是发达国家高度重视、大力发展、高度垄断、严密封锁的核心关键技术，世界上能够独立研制先进航空发动机的只有美、俄、英、法四国。因此，实施航空发动机重大专项工程，是建立独立自主的航空工业、实现跨越发展的重要举措，是实现中华民族复兴的“龙心”伟业，意义重大。

将主要实施航空推进技术验证、先进航空发动机技术、先进民用航空发动机关键技术、先进航空发动机材料和制造技术、航空发动机基础理论和前沿技术等5项研究计划，开展试验测试平台、快速反应科研试制平台、异地协同信息化平台和工程体系建设，开展推重比10一级涡扇15发动机、推重比9一级中等推力涡扇发动机、新一代先进涡轴发动机及其传动装置、150座级C919干线客机发动机以及车船用航改燃气轮机等六大重点型号研制。

到2030年，攀登3个技术台阶，实现航空动力自主保障，军、民、燃机协调发展，彻底扭转我国航空动力落后的被动局面，跻身世界航空动力强国之列。

十八、载人登月与深空探测

深空探测是世界航天的重要发展方向和关注热点，是人类探索宇宙、推动前沿科技发展的挑战性任务，载人登月是我国载人航天与深空探测技术结合的标志性工程，载人登月与深空探测将成为“航天梦”和“中国梦”的重要体现。

充分利用载人航天、探月工程前期成果，研制先进的载人登月飞行器、新型运载火箭，建设与工程相适应的发射场、测控通信、着陆场系统，建立载人地月往返运输系统，突破登月服、载人月球车、月面机器人以及先进探测装备等一系列关键技术，建立基本完善的载人登月工程研制体系、基础设施，以及月面科学与技术试验支撑保障体系、科学研究和应用体系，为载人深空探测奠定坚实基础；围绕太阳系的起源与演化、小行星和太阳活动对地球的影响、地外生命信息探寻等空间科学重大问题，统筹开展类地行星、巨行星、小行星和太阳探测。以火星为重点，实施小行星、太阳、木星系和金星探测等任务，突破深空探测的自主导航与控制、测控通信、高效能源、电推进、科学载荷、极端环境适应等核心技术，建立深空探测工程技术与科学研究体系。

2030年前后，实现中国人首次登陆月球，突破和掌握载人地月往返的基本技术，后续视情建立短期有人值守的月球科学考察站；实现火星取样返回，基本具备探测太阳系主要天体的能力，取得重大科学成果，使我国在深空探测、载人航天和月球科学研究领域达到国际先进水平。

十九、纺织产业创新发展

纺织产业是我国重要的民生产业、支柱产业和国际竞争优势比较明显的产业。目前我国纺织纤维加工总量占全球的52%—54%，主要纺织产品产量居世界首位，但纺织产业尚存在科技创新能力薄弱、产品档次低、高技术纺织品比重偏低等突出问题，亟须从原料、加工到制品的纺织产业链实现整体技术创新和突破，推动我国纺织产业由大变强。

主要开展新型生物质纤维材料基础理论研究，形成具有独立知识产权的关键技术；研发以超仿真、高功能为主题的新一代差别化、功能化纤维，实现产品产业化应用；研究纺织品高档化、精细化加工关键技术，全面提升纺织产品附加值；建立纺织品生态化染整技术体系，增强纺织品生产和品质的安全保障能力，实现纺织品染整加工清洁化、低碳化；开展高性能产业用纺织品设计制造理论与关键技术研究，提升纺织品在战略性新兴产业领域的应用水平；建设纺织新材料与先进制造技术国家级平台。

在未来10—20年，大幅提升我国高技术纺织品比重，超仿真、高功能纤维主要品种水平达到国际一流，突破生物质纤维关键技术、高性能产业用纺织品关键技术和污染防治技术，为我国生物质纤维材料产业化奠定基础，实现纺织产品的可持续发展和跨领域应用，推动纺织产业转型升级，提升我国纺织产品的国际竞争力。

二十、重大植物病虫害和动物疾病防控关键技术

随着世界人口增长、人类活动以及全球气候的变化，一些重大动植物病虫害在全球流行，而且病原体原有种间屏障不断降低并被逐步打破，对农业生产以及人类生存的威胁越来越大。一些重大动物传染病以及人畜共患病的流行尤为严重，给我国养殖业可持续发展和人民健康造成了巨大影响。开展重大动植物病原的基础研究，开发高效、低毒的农药、兽药，安全、高效的疫苗，以及特异、灵敏的诊断试剂，开展动植物病虫害的综合防控研究，控制其流行，不

仅对于农业可持续发展具有重要推动作用，而且对于保障人民健康、维持社会稳定都具有深远的意义。

主要利用生物技术、信息技术等现代理论、技术和手段，研究植物病虫害和动物疫病发生规律、灾变机制与预测预警技术，开展动植物有害生物致病机理研究，研制新型高效、安全农兽药，研制新型畜禽基因工程疫苗、免疫佐剂、诊断试剂等产品，研究动物传染性与人畜共患重大疫病防控关键技术及产品，以及快速、高通量诊断试剂产品研制，建立我国主要农产品有害生物综合防控技术体系（IPM）。

到 2030 年，通过实施和推广重大植物病虫害和动物疾病防控关键技术，基本控制或消除重大病虫草害的危害，使病虫草害的损失率下降 5 个百分点，摸索出一套适合于我国国情的动物疫病预防、控制、净化和根除的策略与方法，实施重大动物疫病净化与根除计划。

二十一、再生医学

慢性疾病、组织器官病理损伤与严重创伤等目前还缺乏完全治愈手段，未来 15—20 年将是以干细胞移植研究与应用为代表的再生医学发展的黄金阶段，以干细胞技术为代表的再生医学将成为“医学第三大支柱”，成为解决这些问题的重要手段。

我国应重点开展成体干细胞诱导分化相关机制、皮肤完美修复与再生、粗大神经组织工程、骨与软骨组织工程、肌腱组织工程，以及血管、角膜、牙再生等关键科学问题与技术难题研发，并开展间充质干细胞建库。2020 年完成关键技术和系列创新产品研发、标准制定及体系建设，建立和完善 10 个左右具有我国特色的再生医学转化基地；2030 年突破细胞和组织工程产品临床应用标准化、规模化等瓶颈问题，实现大器官或复合器官组织工程产品产业化，创立 5—8 个干细胞药物制品，建立 5—6 种难治疾病干细胞移植标准临床方案并推广应用。

二十二、城乡建筑低碳节能

我国建筑的能耗约占全社会总能耗的 30%，并呈现快速增长趋势。建筑能耗以及建筑相关制造业的能耗、污染问题严重。在我国高速城镇化、建筑业快速发展的背景下，城乡建筑低碳节能技术的研究和突破，可以极大地缓解建筑能源消耗问题，减少相关制造业的能耗和污染，带动低能耗低污染环保产业发展，对我国有着至关重要的意义。

主要研究新型城市规划理论及技术工具，包括城市规划信息数据系统、城市发展空间模拟预测模型、土地利用优化方法；研究降低建筑物运行能耗的方法，包括集中采暖系统节能、热学基础理论的突破、建筑围护结构节能的技术与产品、暖通空调和照明的新技术与设备、农村建筑能源供应与循环利用技术、生态城市与绿色建筑集成化设计方法；研究降低建筑建造和拆除过程能源资源消耗的方法，包括研究低碳化建造模式的创新、减少建筑物生产的能源和资源消耗、延长建筑物寿命、建筑改造和拆除后再利用技术。

到 2030 年，形成一整套成熟的城市规划的新技术和方法，实现城市土地集约利用的优化；建筑运行阶段能耗大幅度降低，北方城镇供热能耗降低 40%，围护结构、暖通空调和照明节能产品形成规模化产业；建筑的建造和拆除形成低碳化模式，建筑废弃物的再利用率提高到 50% 以上。

二十三、西部强震区高坝大库抗震安全

为了实现我国节能减排战略目标，在未来 10—20 年内，在水能资源丰富的西部强震地区积极有序开发水电，是我国优化能源结构的战略首选。而高坝大库一旦由于遭受强震发生溃决，其次生灾害必将十分严重。因此，加强我国西部强震区高坝大库抗震安全研究，是我国经济和社会可持续发展的客观需求。

主要加强我国西部邻近库坝区的强震观测台站建设，并尽快建立适合我国条件的地震动衰减关系；加强对近场大震特征和有限断层法的研究，深入开展水库地震机理的探索；深化对混凝土高坝在地震作用下的损伤破坏机理的研究；加强全级配大坝混凝土和地基岩体动态特性、抗力和应变率效应的研究，以及高性能并行计算技术在大坝抗震分析中的应用；研发提高大坝混凝土抗拉强度、延性和耐久性的新材料；开展强震区高坝抗震措施以及高坝地震应急关键技术和策略研究，为世界一流高坝工程的抗震安全提供充分的科技支撑。

第七章　政策措施建议

一、加强工程科技发展的顶层设计、统筹规划，加强科技计划与国家战略的衔接

1. 以支撑经济发展方式转变为核心，加强工程科技的顶层设计、统筹规划和系统部署

在国务院统一领导下，对影响国家未来发展的重大工程科技问题、制约我国可持续发展的瓶颈问题以及涉及经济社会各领域的重大问题，根据经济社会发展的长期需求和工程科技发展规律，充分考虑能源资源环境的承受力度，系统谋划各个领域的发展，制订适合国情的中长期发展规划和领域发展路线图，综合运用体制机制改革、经济政策和科技创新等推进手段，形成基于绿色发展的政绩考核体系、核算体系和政策法规标准体系，构建支撑可持续发展的工程科技体系，保障经济发展方式转变。进一步强化顶层决策机制以及跨部门、军民之间的协调机制。

2. 加强工程科技战略研究，将工程科技发展规划、重大工程和重大工程科技专项实施计划纳入国家总体规划，与国家各有关部门的规划和年度计划紧密结合，加强国家科技规划计划的统筹协调

完善国家重大工程科技问题的决策咨询机制，充分发挥工程科技思想库的作用，联合高等院校、研究机构和产业部门，不断强化工程科技战略研究。设立中长期重大战略性研究规划，紧密结合科学发展的主题、转变发展方式的主线，对重大工程科技问题持续开展深入研究，重点关注资源、能源、生态环境建设、可持续等发展战略。

完善国家重大科技决策议事程序，努力消除体制机制性障碍，加强部门之间、地方之间、部门与地方之间的统筹协调；打破行业壁垒，解决应用示范中面临的标准、关键共性技术和产业支持问题。基于科技发展规律，对重大关键技术攻关项目给予长期持续支持。

3. 加强科技政策与经济政策的协同，加强工程科技项目管理，重点解决技术创新与产业发展脱节问题，建立健全评价机制

创新重大项目的管理模式和管理方法，优化组织管理流程，加强动态评价，建立行为规范、运转协调、公正高效的重大项目管理新机制。完善工程科技项目从技术研发到转化、产业化应用的组织管理机构与机制，建立兼顾技术成果与产业效益的综合考评机制，促进技术创新和产业应用的结合；设立独立的第三方监管单位，监管单位直接向最高管理机构负责，在对项目进展进行监管的同时，对各管理、支持部门的工作进行监管评估。

4. 健全工程科技的共享机制，加强工程科技资源的统筹协调

加强国家部门之间的协调与数据信息共享机制，加强行业关键共性技术共享平台和中介信息服务体系建设，提高研究成果利用率。

二、深化科技体制改革，加强科技创新体系建设，促进产学研用结合和跨领域的协同创新

1. 深化科技体制改革，强化企业的技术创新主体意识，推动产学研政协同创新，促进“开放式创新”，全面提高企业的自主创新能力

坚持以企业为主体的政策和措施，全面提高企业自主创新能力，支持基层创新。国家科技计划应更多地反映企业重大科技需求，并更多地吸纳企业参与国家科技计划项目的执行；建立激励和评估机制，加大政府工程科技创新投入，注意积极扶持一些处于创新关键期、即将有重大突破的民营企业。鼓励企业开展科研、设计、生产技术、产品应用技术一条龙攻关，促进技术成果快速产业化。

2. 强化政府在推动产业共性技术研究方面的作用，建立和重组一批工程科技创新平台

建立行业和区域共性技术研发平台，由政府和企业共同承担风险，对行业关键共性技术和基础技术开展联合攻关，重点解决产业共性技术研究缺位的问题。

3. **加强科研与设计的结合，加强产品创新，鼓励科技成果转化和搭建多种形式的创新联盟**

充分发挥各级政府宏观调控和服务的职能，为工程科技创新与发展创造良好的环境与条件。完善知识产权法律法规体系，加强知识产权保护执法力度，为科技创新营造良好的法律环境；加强标准、公性测试验证、知识产权评估等平台建设，填补创新链条各环节之间存在的缺陷，使产学研多环节的衔接更为顺畅。发挥学会、协会作用，打造全方位交流、协作平台，利用各方优势，推动科研成果的产业化及推广应用。鼓励搭建产业间以及产学研用间多种形式的创新联盟，促进产业链合作创新，实现重大工程科技及关键共性技术的联合攻关、知识产权共享及产业化推广，推动产业链技术的整体优化。

4. **构建国内外交流合作平台，支持融合创新**

搭建长期稳定的交叉学科交流平台，建立不同领域交流与合作的机制，促进跨领域跨学科协同创新和应用。更广泛、更深入地参与国际科技合作，注重对产业发展有巨大推动力的领域的科技合作，鼓励组织、主导和参与国际重大工程科技合作计划，引领世界工程科技前沿发展。

三、优化科技资源配置，确保科技投入稳步增长和持续保障

1. **设立国家工程科学技术基金，对产业共性关键技术、竞争前技术研究等形成长期稳定的支持**

我国工程科技领域政府投入从总体上看存在渠道分散，对产业共性技术研发、技术标准研制、实用高新技术和成果转化的诸多环节支持不足的情况。通过设立国家工程科学技术基金，理顺与现有各类科技计划的衔接关系，整合现有与工程科技研究有关的资助渠道，形成对产业共性关键技术、竞争前技术以及关键领域实用高新技术成果产业化研究进行国家层面统一规划和管理，形成长期稳定的支持，以进一步加强科技成果转化链的建设，促进产业技术创新，提升产业核心竞争力。

2. **加强政府科技投入的管理**

提高经费投入的公开性、透明度和公正性，发展完善监督体系与问责制

度；强化国家投入形成成果的资源共享；完善科技经费预算管理；改进政府科技投入统计体系；建立并逐步完善政府科技投入绩效评价体系和公共选择程序，提高投资效益。

3. 充分利用和调动社会资源，积极探索多渠道、多元化的投融资机制，加大工程科技的投入

健全政策性融资体系，使科技投入由“政府直接投入为主型”向“政府引导投入为主型”转变，鼓励和吸引地方、企业、金融等加大对工程科技创新及成果产业化的投入，逐步建立国拨、基金、风险投资、企业投入、民间集资等多形式、多渠道、多元化的工程科技投融资体系。引导和支持大型企业加大技术研发投入，增强自身研究开发能力。

4. 加强财税金融政策对工程科技创新的引导作用

调整价格、税收、投融资体系，调节利益分配机制，对自主创新的技术和产品实行减税政策；并加速推进清洁生产、循环经济、环境保护等相关领域工程科技的发展。创新政府补贴形式，加大补贴力度。

四、加强工程科技人才培养，培育崇尚工程科技的文化

1. 开展多层次的工程教育，深化高等工程教育改革

树立“科学、立体的人才观”，着力解决“工程性”和“创新性”不足的问题，在全社会逐步培育崇尚工程的文化。工程教育改革要面向未来工程的需求和未来工程科技人才的素质要求，重点突出工程实践能力、设计能力和创新能力培养，强化高等工程教育，加快卓越工程师的培养；建立有效的继续教育管理制度，积极推进工程师再培训计划；重点支持部分有条件的工科大学建立“工程创新训练基地”，为企业提供创新型工程师；以经济扶持政策支持企业与高校组建工程教育实践中心，强化工程科技人才培养。

2. 健全工程师和设计师专业认证体系，提升工程科技人才的职业化和国际化水平

建立健全注册工程师制度，推进专业认证，提升工程技术人才的职业化水平和国际化水平。国际工程教育专业认证是提升我国工程教育人才国际化的重

要途径，按照工程教育专业质量的国际标准，积极推动国内工程院校人才培养的规范化和标准化；通过注册工程师制度，对关系国计民生的工程技术专业技术工作实行准入控制和继续教育，注册工程师在国际间互认，有利于工程教育的国际化。我国注册工程师制度的实施已有良好开端，应进一步加大推进力度，推动高级工程科技人才队伍建设。

3. 根据科学与技术的不同特点，构建激励自主创新、公正、公平、公开的工程科技成果和人才评价体系，突出工程科技对经济社会发展核心支撑地位

技术评价应主要注重实践结果，重视成果的实用性和对国计民生的意义。建立适合工程科技人才培养的评价体系，注重对工程科技创新能力、实践能力及创新成果应用效果的多方面评价，激励工程科技基础理论创新、工程技术创新、工程技术应用创新，形成多层次的工程科技人才评价格局。

4. 完善人才选拔机制，加强创新梯队建设，培养具有世界一流水平的工程科技专家队伍

以重大工程和重大工程科技专项为平台，促进工程科技人才队伍建设。通过学科交叉培养，建立多学科融合的创新团队；通过组织和实施国家重大项目，凝聚和打造一批高水平的研发队伍；对研究尚处于起步阶段的青年研究人员给予政策性扶持，抓紧培养造就一批中青年高级专家，形成老中青、高中初有机结合工程科技人才梯队；改进高层次人才出国交流管理制度，为他们在国际舞台进行学术交流创造便利条件；改进和完善职称制度、政府特殊津贴制度、博士后制度、院士制度等高层次人才制度，进一步形成培养选拔工程科技专家的制度体系，探索形成多种形式的工程科技人才发展渠道。

参 考 文 献

［1］胡锦涛．高举中国特色社会主义伟大旗帜 为夺取全面建设小康社会新胜利而斗争——在中国共产党第十七次代表大会上的报告［M］．北京：人民出版社，2007.

［2］中共中央关于构建社会主义和谐社会若干重大问题的决定［M］．北京：人民出版社，2006.

［3］中华人民共和国国民经济和社会发展第十二个五年规划纲要［M］．北京：人民出版社，2011.

［4］国家中长期科学和技术发展规划纲要（2006—2020 年）中共中央国务院关于实施科技规划纲要增强自主创新能力的决定［M］．北京：中国法制出版社，2006.

［5］国务院关于落实科学发展观加强环境保护的决定［EB/OL］．http：//www. npc. gov. cn/npc/xinwen/szyw/zywj/2006 -02/15/content_344610. htm，2006 -02 -15.

［6］国家环境保护“十二五”规划［M］．北京：中国环境科学出版社，2012.

［7］节能减排“十二五”规划［EB/OL］．http：//www. gov. cn/zwgk/2012 -08/21/content_2207867. htm，2012 -08 -21.

［8］“十二五”节能环保产业发展规划［EB/OL］．http：//news. xinhuanet. com/politics/2012 -06/29/c_123349510. htm，2012 -06 -29.

［9］“十二五”国家战略性新兴产业发展规划［EB/OL］．http：//news. xinhuanet. com/energy/2012 -07/21/c_123449379. htm，2012 -07/21.

［10］“十二五”节能减排综合性工作方案［EB/OL］．http：//www. gov. cn/zwgk/2011 -09/07/content_1941731. htm，2011 -09 -07.

［11］关于积极发展环境保护产业的若干意见［EB/OL］．http：//www. docin. com/p - 12189716. html，1990 -11 -05.

［12］当前国家鼓励发展的环保产业设备（产品）目录（第一批）［EB/OL］．http：//www. gov. cn/gongbao/content/2000/content_60246. htm，2000 -02 -23.

［13］国务院关于加快培育和发展战略性新兴产业的决定［EB/OL］．http：//www. gov. cn/zwgk/2010 -10/18/content_1724848. htm，2010 -10 -18.

［14］关于推进大气污染联防联控工作改善区域空气质量的指导意见［EB/OL］．http：//www. gov. cn/zwgk/2010 -05/13/content_1605605. htm，2010 -05 -13.

［15］中华人民共和国环境保护环境监测司．2011 年中国环境状况公报［EB/OL］．http：//jcs. mep. gov. cn/hjzl/zkgb/2011zkgb/，2012 -06 -06.

［16］全国主体功能区规划——构建高效、协调、可持续的国土空间开发格局［EB/OL］．http：//www. gov. cn/zwgk/2011 -06/08/content_1879180. htm，2011 -06 -08.

［17］中华人民共和国国家统计局．中华人民共和国2011年国民经济和社会发展统计公报［M］．北京：中国统计出版社，2012.

［18］国家环保总局．重点城市集中式饮用水源地水质监测、评价与公布方案［EB/OL］．http：//www. zhb. gov. cn/gkml/zj/wj/200910/t20091022_172122. htm，2002－10－15.

［19］广东省人民政府．珠江三角洲环境保护规划纲要（2004—2020年）［EB/OL］．http：//www. gd. gov. cn/govpub/zfwj/zfxxgk/gfxwj/yf/200809/t20080916_67116. htm，2005－02－18.

［20］国家履行斯德哥尔摩公约工作协调小组办公室．中华人民共和国履行《关于持久性有机污染物的斯德哥尔摩公约》国家实施计划［M］．北京：中国环境科学出版社，2008.

［21］生态建设、环境保护与循环经济科技问题研究专题组．国家中长期科学和技术发展规划战略研究专题报告之十：生态建设、环境保护与循环经济科技问题战略研究专题报告［R］．北京，2004.

［22］中国工程院，环境保护部．中国环境宏观战略研究［M］．北京：中国环境科学出版社，2011.

［23］中国科学院生态与环境领域战略研究组．科学技术与中国的未来：中国至2050年生态与环境科技发展路线图［M］．北京：科学出版社，2009.

［24］中国科学院先进制造领域战略研究组．科学技术与中国的未来：中国至2050年先进制造技术发展路线图［M］．北京：科学出版社，2009.

［25］中国环境科学学会．“十一五”中国环境学科发展报告［M］．北京：中国科学技术出版社，2012.

［26］中华人民共和国国家统计局．中国统计年鉴［M］．北京：中国统计出版社，2011.

［27］中国科学院可持续发展战略研究组．2011中国可持续发展战略报告［M］．北京：科学出版社，2011.

［28］国家统计局，环境保护部．中国环境统计年鉴2010［M］．北京：中国统计出版社，2010.

［29］国家统计局，环境保护部．中国环境统计年鉴2009［M］．北京：中国统计出版社，2009.

［30］国家统计局，环境保护部．中国环境统计年鉴2008［M］．北京：中国统计出版社，2010.

［31］中华人民共和国环境保护部．中国环境统计年报2010［M］．北京：中国环境科学出版社，2010.

［32］中华人民共和国环境保护部．中国环境统计年报2009［M］．北京：中国环境科学出版社，2010.

［33］中华人民共和国环境保护部．中国环境统计年报2008［M］．北京：中国环境科学出版社，2010.

［34］中华人民共和国环境保护部．2006—2010中国环境质量报告［M］．北京：中国环境科学出版社，2011.

［35］环境保护部环境影响评价司．五大区域重点产业发展战略环境评价报告［R］，2011.

［36］冯宗炜．酸雨对生态系统的影响［M］．北京：中国科学技术出版社，1993.

［37］HEI亚洲公共健康与空气污染（PAPA）研究计划国际科学管理委员会．HEI第15号专题报告摘要：亚洲地区发展中国家大气污染对人体健康的影响［R］，2004.

［38］邹东涛等．发展和改革蓝皮书［M］．北京：社会科学文献出版社，2008.

[39] 中国可持续发展矿产资源战略［R］，北京：中国工程院，2005.

[40] 化工、冶金与材料工业领域中 CO_2 的排放、评估及其对策研究［R］，北京：中国工程院，2008.

[41] 柳百成．工程前沿（第一卷）：未来的制造科学与技术［M］．北京：高等教育出版社，2004.

[42] 郝福安，张红，王耀辉，张玲．机械工业清洁生产技术发展研究报告［R］，北京：2001.

[43] 机械科学研究总院．金属制品业、通用设备制造业、专用设备制造业、交通运输设备制造业、电气机械及器材制造业行业产排污系数核算课题技术报告［R］，北京：2008.

[44] 联合国环境规划署．全球环境展望 GEO4：旨在发展的环境［M］．北京：中国环境科学出版社，2008.

[45] 余刚，牛军峰，黄俊．持久性有机污染物——新的全球性环境问题［M］．北京：科学出版社，2005.

[46] U S Environmental Protection Agency. 2006—2011 EPA Strategic Plan Charting Our Course, 2006.

[47] Ministry of the Environment government of Japan. Technologies to support a sound material-cycle society-development of 3r and waste management technologies, 2007.

[48] A growth strategy for Germany-New jobs through investments in energy and environment. Strategy paper on the occasion of the IVth Innovation Conference. Berlin.

[49] Annelieke KWAK, Jan ROS. Netherlands: from indicators to environmental planning. OECD-China Seminar on Environmental Indicators, 2003/12.

[50] Arizona Department of Environmental Quality. Strategic Plan Fiscal Year 2003—2007

[51] CJ. Bastmeijer. The covenant as an instrument of environmental policy in theNetherlands. http://greenplans. rri. org/index. html. 2007 - 11 - 04.

[52] Clear Skies Act of 2003.

[53] Costanza R. The Value of the Word' s Ecosystem Services and Natural Capita. Nature, 1997, 387: 253—260.

[54] Dagmar Timmer. The Role of NGOs in theNetherlands National Environmental Policy Plan. Paul de Jongh. Pioneering a sustainable society in an Industrial Land.

[55] Egbert Tellegen. The Dutch National Environmental Policy Plan. Neth. J. of Housing and Environmental Res., 1989, 4 (4).

[56] Eurostat: Environmental expenditure statistics: Industry data collection handbook. 2005

[57] Federal Water Pollution Control Act.

[58] Florida Department of Environmental Protection. Agency Strategic Plan for FYs 1999—2000 Illinois Environmental Protection Agency. Strategic Plan: FY 2004 — FY 2007.

[59] Friesecke F. Precautionary and Sustainable Flood Protection in Germany Strategies and instruments of Spatial

Planning. In 3rd FIG Regional ConferenceJakarta, Indonesia October 3—7. 2004 .

[60] KPMG Milieu, IVA Tilburg. National Environmental Policyplan2: Evaluation of Industry. http://greenplans. rri. org/index. html.

[61] National Planning for Sustainable Development. KPMG Milieu, IVA Tilburg. National Environmental Policyplan2: Evaluation of Industry, 1993.

[62] National Waste Management Plan (LAP) Amendment adopted. The National Waste Management Plan. The Dutch Nature Plan. Snapshot of the development of NEPP4.

[63] 日本环境省. 第四次環境基本計画 [EB/OL]. http://www. env. go. jp/policy/kihon_ keikaku/plan/plan_4. html, 2012.

[64] 日本环境省. 第三次環境基本計画 [EB/OL]. http://www. env. go. jp/policy/kihon_ keikaku/plan/plan_3. html, 2006.

[65] (日本) 環境庁水質保全局企画課, 循環型社会への挑戦——循環型社会形成推進基本法が制定されました [EB/OL]. http://www. env. go. jp/, 2000.

[66] European Environment Agency, The road from landfilling to recycling: common destination, different routes [EB/OL]. http://eea. europa. eu, 2007.

[67] NAS. Risk Assessment in the Federal Government: Managing the Process. National Academy Press, Washington, DC., 1983.

[68] 崔功豪, 王兴平. 当代区域规划导论 [M]. 南京: 东南大学出版社, 2006.

[69] 郭怀成, 尚金城, 张天柱. 环境规划学 [M]. 北京: 高等教育出版社, 2007.

[70] 海热提. 环境规划与管理 [M]. 北京: 中国环境科学出版社, 2004.

[71] 马晓明. 环境规划理论与方法 [M]. 北京: 化学工业出版社, 2004.

[72] 钱汉卿, 等. 化学工业固体废物资源化技术与应用 [M]. 北京: 中国石化出版社, 2006.

[73] 李政禹. 国家化学品安全管理战略 [M]. 北京: 化学工业出版社, 2006.

[74] 赵由才. 危险废物处理技术 [M]. 北京: 化工出版社, 2003.

[75] 李金惠. 危险废物管理与处理处置技术 [M]. 北京: 化学工业出版社, 2003.

[76] 刘志全, 李金惠, 聂永丰. 中国危险废物污染防治技术路线和政策 [J]. 中国环保产业, 2000, 12.

[77] William C Blackman, Jr. Basic Hazardous Waste Management [M]. Arizona State University, Tempe, Arizona, USA, Third Edition, 2001.

[78] World Bank. Clear Water, Blue Skies: China's Environment in the New Century. China 2020 Series. Washington, D. C., USA. 1997.

[79] 曲久辉. 饮用水安全保障技术原理 [M]. 北京: 科学出版社, 2007.

[80] 钱易，唐孝炎．环境保护与可持续发展［M］．北京：高等教育出版社，2010.

[81] 杨东平．环境绿皮书——2009 中国环境发展报告［M］．北京：社会科学文献出版社，2009.

[82] 蔡道基．农药环境毒理学研究［M］．北京：中国环境科学出版社，1999.

[83] 黄昌勇．土壤学［M］．北京：中国农业出版社，2000.

[84] 骆永明．中国主要土壤环境问题与对策［M］．南京：河海大学出版社，2008.

[85] 骆永明．土壤修复学——土壤科学和环境科学的新兴学科［M］//浙江大学《纪念朱祖祥院士诞辰 90 周年文集》编辑委员会编．北京：科学出版社，2006.

[86] 孙鸿烈．长江上游地区生态与环境问题［M］．北京：中国环境科学出版社，2008.

[87] 孙鸿烈．Bernard Sonntag. 中国关键地区的农业发展与环境［M］．北京：科学出版社，2003.

[88] 孙铁珩，李培军，周启星．土壤污染形成机理与修复技术［M］．北京：科学出版社，2005.

[89] 孙铁珩．土壤污染形成机理与修复技术［M］．北京：科学出版社，2005.

[90] 万洪富．我国区域农业环境问题其综合治理［M］．北京：中国环境科学出版社．2005.

[91] 王学军，李本纲，陶澍．土壤微量金属含量的空间分析［M］．北京：科学出版社，2005.

[92] 赵其国．21 世纪土壤科学展望［J］．地球科学进展，2001，16（5）．

[93] 赵其国．发展与创新现代土壤科学［J］．土壤学报，2003，40（3）．

[94] 郑国璋．农业土壤重金属污染研究的理论与实践［M］．北京：中国环境科学出版社，2007.

[95] 陈克复，胡楠．轻工重点行业节约资源和保护环境的战略研究［M］．北京：中国轻工业出版社．2011.

[96] 中国轻工业辉煌 60 年［Z］．北京：中国轻工业联合会，2009.

[97] 轻工重点行业节能减排政策研究［R］．北京：中国轻工业联合会，2008.

[98] 吴国华．中国节能减排战略研究［M］．北京：经济科学出版社，2009.

[99] 何玉长．节约型社会的经济学研究［M］．北京：人民出版社，2009.

[100] 莫神星．节能减排机制法律政策研究［M］．北京：中国时代经济出版社，2008.

[101] 郭强，丁晓琴．能源资源节约战略研究［M］．北京：中国时代经济出版社，2008.

[102] 史忠良．产业经济学［M］．北京：经济管理出版社，1998.

[103] 胡楠．戍文佑．中国轻工业跨世纪发展战略［M］．北京：中国轻工业出版社，1998.

[104] 姚惠芳，张智光．中国造纸工业循环经济模式的优化研究［J］．中华纸业，2009，30（4）．

[105] 崔延龄．废水排放新标准和深度处理［J］．中华纸业，2009，30（2）．

[106] 季明，许晶．制浆造纸工业水污染物排放标准修订我国造纸业的影响分析［J］．中华纸业，2008，16.

[107] 胡楠，高观，姚战琪等．中国食品业与食品安全问题研究［M］．北京：中国轻工业出版，2008.

[108] 造纸产业发展政策［Z］，北京：国家发展和改革委员会，2007.

[109] 中国造纸工业2008年度报告 [R], 北京：中国造纸协会, 2009.

[110] "十一五" 轻工业科技发展计划 [R], 北京：中国轻工业联合会, 2005.

[111] 陈克复. 中高浓制浆造纸技术的理论与实践 [M]. 北京：中国轻工业出版社, 2007.

[112] Adriaan Van Heiningen. Converting a Kraft PulpMill into an Integrat2edForest Biorefinery [J]. Pulp & Paper Canada, 2006, 107 (6).

[113] 国家环保总局, 国家发展改革委, 科技部. 关于发布《制革、毛皮工业污染防治技术政策》的通知 [Z]. 北京：国家环境保护总局, 2006.

[114] 王凯军, 秦人伟. 发酵工业废水处理 [M]. 北京：化学工业出版社, 2000.

[115] 秦人伟. 食品与发酵工业综合利用 [M]. 北京：化学工业出版社, 2009.

[116] 于信令. 味精工业手册 [M]. 北京：中国轻工业出版社, 2004.

[117] 王博彦, 金其荣. 发酵有机酸生产与应用手册 [M]. 北京：中国轻工业出版社, 2002.

[118] 陈宁. 氨基酸工艺学 [M]. 北京：中国轻工业出版社, 2007.

[119] 金其荣, 张继民, 徐勤. 有机酸工艺学 [M]. 北京：中国轻工业出版社, 2000.

[120] 陈溪平. 厌氧水处理与水处理 [M]. 北京：化学工业出版社, 2005.

[121] 中华人民共和国工业和信息化部. 2010年工业经济运行情况 [EB/OL]. http://www.miit.gov.cn/n11293472/n11293832/n11294132/n12858387/13582792.html.

[122] 中华人民共和国工业和信息化部. 2010年食品工业经济效益稳步增长 [EB/OL]. http://www.miit.gov.cn/n11293472/n11293832/n11294132/n12858432/n12858673/13569489.html.

[123] 国家发展改革委, 工业和信息化部. 食品工业 "十二五" 发展规划, 发改产业 [2011] 3229号, 2011-12-31.

[124] "十一五" 时期发酵产业现状与成就 [N]. 中国食品安全报 (中国食品质量报), 2011-06-20

[125] 熊必琳. 2010年食品工业经济运行综述及2011年展望 [N]. 中国食品安全报, 2011, 2017 (4).

[126] 中国纺织工业协会. 中国纺织工业发展报告 (2009—2010) [R]. 北京：中国纺织工业出版社, 2010.

[127] 中国纺织工业协会. 中国纺织工业发展报告 (2010—2011) [R]. 北京：中国纺织工业出版社, 2011.

[128] 中国纺织工程学会. 纺织科学技术学科发展报告 (2008—2009) [R]. 北京：中国科学技术出版社, 2009.

[129] 梅自强. 我国棉纺织工业 "十一五" 展望 [J]. 棉纺织技术, 2007, 35 (1)

[130] 中华人民共和国国务院. 纺织工业调整和振兴规划 [EB/OL]. http://www.china.com.cn, 2009.

[131] 中华人民共和国国务院. 国家中长期科学和技术发展规划纲要 (2006—2020年) [EB/OL]. http://scitech.people.com.cn, 2006

[132] 1979—2009 年我国纺织科技主要成就分析 [EB/OL]. http://ccn. mofcom. gov. cn 2009

[133] 航天动力复合材料技术发展现状 [EB/OL]. http://atmsp. whut. edu. cn

[134] 李柯玲, 李俊. 创意产业与时尚教育 [M]. 上海: 东华大学出版社, 2012.

[135] 姜怀, 林兰天, 孙熊. 常用/特殊服装功能构成、评价与展望 (上) [M]. 上海: 东华大学出版社, 2006.

[136] 张渭源. 服装设计与工程 [M]. 上海: 东华大学出版社, 2003.

[137] 张渭源. 服装舒适性与功能 (第 2 版) [M]. 北京: 中国纺织出版社, 2011.

[138] 杨以雄. 服装生产管理 [M] 上海: 东华大学出版, 2011.

[139] 中国科学技术协会主编, 中国纺织工程学会编著. 2010—2011 纺织科学技术学科发展报告 [M]. 北京: 中国科学技术出版社, 2011.

[140] 约翰. 弗农. 亨德森. 区域和城市经济学手册 [M]. 城市和地理. 北京: 经济科学出版社, 2012.

[141] 赵君丽. 全球价值链下中国纺织服装产业升级研究 [M]. 上海: 东华大学出版社, 2008.

[142] G M Grossman, E Helpman. 全球经济中的创新与增长 [M]. 北京: 中国人民大学出版社, 2003.

[143] 约瑟夫. 熊彼特. 经济周期循环论 [M]. 北京: 中国长安出版社, 2009.

[144] 林毅夫. 中国经济专题 [M]. 北京: 北京大学出版社, 2012.

[145] Ursula Huws. 高科技无产阶级的形成: 真实世界里的虚拟生活. 北京: 北京大学出版社, 2011.

[146] Gladys Lopez-Acevedo& Raymond Robertson. Sewing Success ? [R] Washington D C : The World Bank, 2012.

[147] Thomas S Kuhn. The Structure of Scientific Revolution [M]. TheUniversity of Chicago Press, 1962.

[148] 中国科学院生物质资源领域领域战略研究组. 中国至 2050 年生物质资源科技发展路线图 [M]. 北京: 科学出版社, 2009.

[149] 中国科学院先进材料领域领域战略研究组. 中国至 2050 年先进材料科技发展路线图 [M]. 北京: 科学出版社, 2009.

[150] 国务院发展研究中心国际技术经济研究所. 世界前沿技术发展报告 [M]. 北京: 科学出版社, 2009.

[151] 丁辛. 中国材料工程大典 (第 10 卷): 复合材料工程 [M]. 北京, 化学工业出版社, 2005.

[152] 中国纺织机械器材工业协会, 纺织机械工业 "十一五" 发展指导性意见 [M]. 北京: 中国纺织机械器材工业协会, 2006.

[153] 孙晋良. 高科技纤维及其新材料 [M]. 北京: 中国纺织出版社, 2003.

[154] 中国纺织经济信息网. 纺织工业技术进步与技术改造投资方向 (2009—2011 年) [R].

[155] 国家发展和改革委员会. 纺织工业 "十一五" 发展纲要 [J]. 纺织服装周刊, 2006 (24).

[156] 纺织机械企业发展动向 [EB/OL]. http://www.ic98.com/info/jixie/218/20081122/29972.html.

[157] 纺织机械企业现状和今后发展方向 [EB/OL]. http://www.wutoo.cn.

[158] 中国纺织信息中心. 2008/2009 中国纺织工业技术进步研究报告 [M]. 北京：中国纺织出版社，2008

[159] 杜钰洲. 未来三年纺织业需努力达到三大目标 [EB/OL]. http://www.tnc.com.cn/ info/c_001001_d_117707_p1.html，2009-02-10.

[160] 海水利用专项规划 [EB/OL]. http://www.scsb.gov.cn/html/0/2/article—239.html.

[161] 中国科学技术协会. 2007—2008 海洋科学学科发展报告 [M]. 北京：中国科学技术出版社，2008.

[162] 2009—2013 年中国海水淡化行业市场调查与发展前景预测报告 [R]. 北京：北京凯博信企业管理咨询有限公司，2009.

[163] 高振会，史先鹏. 深海技术与可持续发展 [J]. 海洋开发与管理，2011，7

[164] 国家"十二五"海洋科学和技术发展规划纲要 [EB/OL]. http://news.xinhuanet.com/politics/2011-09/16/c_122046880.htm，2011-09-16.

[165] 国家海洋局，科学技术部，国防科学技术工业委员会，国家自然科学基金委员会. 国家"十一五"海洋科学和技术发展规划纲要 [EB/OL]. http://www.gov.cn/2006-11/27/content_454522.htm，2006-11-27.

[166] 国家海洋局. 全国科技兴海规划纲要（2008—2015）[M]. 北京：海洋出版社，2008

[167] 王修林，王辉，范德江. 中国海洋科学发展战略研究 [M]. 北京：海洋出版社，2008.

[168] 徐匡迪. 发展海洋工程技术 开发利用海洋资源 [N]. 青岛日报，2002-05.

[169] 殷克东，方胜民. 海洋强国指标体系 [M]. 北京：经济科学出版社，2008

[170] 中国科学院海洋领域战略研究组. 中国至 2050 年海洋科技发展路线图 [M]. 北京：科学出版社，2009

[171] 中华人民共和国国务院. 国家中长期科学和技术发展规划纲要（2006—2020 年）[M]. //推进自主创新建设创新型国家文件汇编. 北京：国家行政学院出版社，2006.

[172] IPCC, Climate Change 2007, Cambridge University Press, Cambridge, UK, and New York, NY, USA,

[173] IPCC. Managing the Risks of Extreme Events and Disasters to Advance Climate Change Adaptation. A Special Report of Working Groups I and II of the Intergovernmental Panel on Climate Change [Field C B, V Barros, T F Stocker, D Qin, D J Dokken, K L Ebi, M D Mastrandrea, K J Mach, G-K Plattner, S K Allen, M Tignor, P M Midgley (eds.)]. Cambridge University Press, Cambridge, UK, and New York, NY, USA, 2012.

[174]《第二次气候变化国家评估报告》编写委员会. 第二次气候变化国家评估报告 [M]. 北京：科学

出版社，2011.

[175] 丁一汇．中国气候变化科学概论［M］．北京：气象出版社，2008.

[176] 丁一汇．中国气候变化——科学、影响、适应及对策研究［M］．北京：中国环境科学出版社，2009.

[177] 秦大河、陈宜瑜，李学勇. 中国气候与环境演变［M］．北京：科学出版社，2005.

[178] 美国腐蚀损失调查报告［R］. Gerhardus H. Koch，Michiel P. H. Brongers，and Neil G. Thompson，Y. Paul Virmani，J. H. Payer corrosion cost and preventive strategies in the United States FHWA-RD-01-156.

[179] 日本的腐蚀损失调查报告［R］. cost of corrosion in Japan，平成 13 年.

[180] 侯保荣等．海洋腐蚀与防护［M］．北京：科学出版社，1997.

[181]《海洋钢构筑物的防蚀技术》编写委员会，钢管桩防腐蚀方法研究小组编著．海洋钢构筑物的防蚀技术［M］．日本，技报堂出版，2010.

[182]（财）日本丸号帆船纪念财团：横滨港的 140 年［R］，1999.

[183] 松井仁茂．关于埋设式护岸的土木材料变迁［J］．土木学会志，1978.

[184] 曹楚南．悄悄进行的破坏——金属腐蚀［M］．北京：清华大学出版社，2006.

[185] 周燕，邸小坛，韩维云，等．CEB 耐久混凝土结构设计指南（第 2 版）［G］．北京：1989.

[186] 洪定海．混凝土中钢筋的腐蚀与保护［M］．北京：中国铁道出版社，1998.

[187] 岡本剛，井上勝也．腐食と防食［M］．大日本図書．1977.

[188] 舒马赫．M. 著．海水腐蚀手册［M］.//李大超，杨荫译．北京：国防工业出版社．1979.

[189] A A Humble. The cathodic protection of steel piling in sea water［J］. Corrosion，1949，5（9）

[190] 渡辺常安．海中構造物用鋼材の防食法［J］．海洋開発，1973，6（5）.

[191] 曹楚南．中国材料的自然环境腐蚀［M］．北京：化学工业出版社，2005.

[192] 侯保荣．海洋腐食環境と防食の科学［M］．東京：日本海文堂出版社，1999.

[193] 侯保荣．海洋钢结构浪花飞溅区腐蚀控制技术［M］．北京：科学出版社，2011.

[194] 侯保荣．海洋钢筋混凝土腐蚀修复与补强技术［M］．北京：科学出版社，2012.

[195] 赵铁军，姜福香．海底隧道工程耐久性技术［M］．北京：人民交通出版社，2010.

[196] 金翔龙．海洋地球物理研究与海底探测声学技术的发展［J］．地球物理学进展，2007，22（4）.

[197] 李玉成．海洋工程技术进展与对发展我国海洋经济的思考［J］．大连理工大学学报，2002，42（1）.

[198] 刘淮．国外深海技术发展研究［J］．船艇，2006，258.

[199] 中华人民共和国科学技术部．中国科学技术发展报告［M］．北京：科学技术文献出版社，2012.

[200] IPCC Climate Change 2007：The physical Science Basis. Contribution of Working Group I to the Fourth

Assessment Report of the Intergovernmental Panel on Climate Change [M]. Solomon S, Qin D, Manning M, et al. (eds), Cambridge University Press, Cambridge, United Kingdom and New York, N Y, USA, 2007.

[201] 沈桐立. 数值天气预报（修订版）[M]. 北京：气象出版社，2003.

[202] GENI 计划 [EB/OL]. http://www.geni.net/

[203] VINI 计划 [EB/OL]. http://www.vini-veritas.net/

[204] PlanetLab 平台 [EB/OL]. http://www.planet-lab.org/

[205] 王继龙. 建立新一代互联网科学实验体系. 中国教育网络，2007，07：27—29.

[206] ARCADIA 计划 [EB/OL]. http://www.cost.esf.org/index.php? id=989.

[207] FIRE 计划 [EB/OL]. http://www.cost.esf.org/index.php? id=989.

[208] SAC 计划 [EB/OL]. http://www.autonomic-communication.org/

[209] CAnet 4 网络 [EB/OL]. http://www.canarie.ca/about/index.html.

[210] AKARI 计划 [EB/OL]. http://akari-project.nict.go.jp/eng/overview.htm.

[211] JGN2+计划 [EB/OL]. http://www.jgn.nict.go.jp/english/about_us/index.html.

[212] onelab2 [EB/OL]. http://www.onelab.eu/index.php/projects/onelab2.html.

[213] K-GENI [EB/OL]. http://groups.geni.net/geni/wiki/K-GENI.

[214] emulab [EB/OL]. http://www.emulab.net/

[215] onelab [EB/OL]. http://www.onelab.eu/

[216] clean slate [EB/OL]. http://cleanslate.stanford.edu/

[217] openflow [EB/OL]. http://www.openflowswitch.org/

[218] UCLP 项目 [EB/OL]. http://uclp.uwaterloo.ca/

[219] Click 模块化路由软件 [EB/OL]. http://read.cs.ucla.edu/click/

[220] World Bank, Hazards of Nature, Risk to Development: An IEGE Valuation of World Bank Assistance for Natural Disaster [M]. Washington DC: World bank, 2006.

[221] Scheuren J M, Le Polainde Waroux O, Below R. Annual Disaster Statistical Review: The Numbers and Trends, 2007.

[222] NRC (National Research Council), Facing Hazards and Disasters: Understanding Human Dimensions. [M]. Washington DC: The National Academies Press, 2006.

[223] ISDR, Living with Risk A Global Review of Disaster Reduction, Initiatives (2 Vols) [M]. ISDR, United Nations, Geneva, 2004.

[224] ITR - RESCUE (http://www.itr-rescue.org), University of California Research Park, 5251 California Avenue, Suite 210, Irvine, CA 92697—2815.

[225] S Mehrotra, C Butts, D Kalashnikov, et al. Project RESCUE: Challenges in Responding to the Unexpected. IS&T/SPIE 16th Annual Symposium on Electronic Imaging, Displays, & Medical Imaging, volume 5304, 2004.

[226] M Careem, C D Silva, R D Silva, L Raschid, S W Sahana. Overview of a disaster management system. In IEEE International Conference on Information and Automation, 2006

[227] L Raschid. Information integration and dissemination for disaster data management, Proceedings of the 8th annual international conference on Digital government research: bridging disciplines & domains, May 20—23, 2007, Philadelphia, Pennsylvania

[228] M Trivedi, K Huang, I Mikic. Dynamic Context Capture and Distributed Video Arrays for Intelligent Spaces, IEEE Transactions on systems, man, and cybernetics-part A: Systems and Humans, 2005, 35 (1).

[229] L Raschid, C Knoblock, F Naumann. On-the-fly information integration for disaster data management. In Technical Report, University of Maryland, 2006.

[230] 科技部．“十一五”公共安全科技发展战略报告［R］，2006.

[231] 国家突发公共事件总体应急预案［M］，北京：中国法制出版社，2006.

[232] 科技部，国家发改委．国家“十一五”科学技术发展规划［EB/OL］．http：//www. most. gov. cn/sytt/200610/t20061031_3772. htm，2006－10－31.

[233] 陈运泰．地震预测要知难而进［J］．求是，2008（15）．

[234] 陈运泰．地震预测－进展、困难和前景［J］．地震地磁观测与研究，2007，28（2）.

[235] 陈顒，陈运泰．“十一五”期间中国重大地震灾害预测预警和防治对策［J］．灾害学，2005，20（1）.

[236] 中国工程院电子与信息学部．我国抗灾救灾能力建设和灾后重建——应急通信保障、遥感综合观测与灾难预防预警预报能力建设的建议［R］，2008.

[237] 范维澄．国家突发公共事件应急管理中科学问题的思考和建议［J］．中国科学基金，2007（2）.

[238] 范维澄，袁宏永．我国应急平台建设现状分析及对策［J］．信息化建设，2006（9）.

[239] 周云等．防灾减灾工程学［M］．北京：中国建筑工业出版社，2007.

[240] 高庆华等．自然灾害系统与减灾系统工程［M］．北京：气象出版社，2008.

[241] QIPC: QUANTUM INFORMATION PROCESSING AND COMMUNICATION Strategic reportcurrent status, visions and goals for research in Europe, 2007.

[242] 中国科学院信息领域战略研究组．中国至2050年信息科技发展路线图［M］．北京：科学出版社，2009.

[243] 量子网络平台20年计划高层研讨会报告文集［R］，2010.

[244] 面向认知、神经工程、量子计算机的信息工程热点方向战略研究［R］，2010.

[245] 李士勇等．量子计算与量子优化算法 [M]．哈尔滨：哈尔滨工业大学出版社，2009.

[246] Davenport R J. What controls organ regeneration [J]. Science, 2005, 309.

[247] Vogel G. How can a skin cell become a nerve cell [J]. Science, 2005, 309.

[248] Purnell B A, Hines P J. Steps to the clinic [J]. Science, 2009, 324.

[249] Shannon J. Odelberg. Inducing cellular dedifferentiation: a potential method for enhancing endogenous regeneration in mammals [J]. Cell Dev Biol, 2002, 13.

[250] Kodama R, Eguchi G. From lens regeneration in the newt to in vitro transdifferentiation of vertebrate pigmented epithelial cells [J]. Sem. Cell. Biol, 1995, 6.

[251] Echeverri K, Tanaka E M. Mechanisms of muscle dedifferentiation during regeneration [J]. Cell. Mol. Biol. 2002, 13.

[252] Lin F, Cordes K, Li L et al. Hematopoietic stem cells contribute to the regeneration of renal tubules after renal ischemia - reperfusion injury in mice [J]. J. Am. Soc. Nephrol. 2003, 14.

[253] 付小兵．再生医学研究中需要重视的几个问题 [J]．中华实验外科杂志，2006；23（3）.

[254] 王正国，付小兵，周圆国．分子创伤学 [M]．福州：福建科学技术出版社，2004.

[255] 杜艳艳．世界主要国家的干细胞研究最新动态 [J]．中国生物工程杂志，2009，29（6）.

[256] 生物医药发展战略报告（技术篇）[M]．北京：科学出版社，2009.

[257] 裴雪涛．干细胞研究及其产业化前景 [R]．中国生物技术产业发展报告，2003.

[258] 杨志明．组织工程基础与临床 [M]．成都：四川科学技术出版社，2002.

[259] 曹谊林．组织工程学：理论与实践 [M]．上海：上海科学技术出版社，2004.

[260] Sheng Z Y, Fu X B, Cai S, et al. Regeneration of functional sweat gland-like structures by transplanted differentiated bone marrow mesenchymal stem cells [J]. Wound Rep Reg, 2009, 17 (3).

[261] 国家干细胞与再生医学产业技术创新战略联盟 [J]．联盟通讯，2012.

[262] Tissue-engineered tissue transplantation therapy practice (trial) (Health Office of Medical Affairs [2009] No. 199 issued). Ministry of Health ofChina.

[263] http: //www. moh. gov. cn/publicfiles/business/htmlfiles/mohbgt/s10639/200911/44629. htm.

[264] 付小兵，王正国，吴祖泽．再生医学：原理与实践 [M]．上海：上海科学技术出版社，2008.

[265] 付小兵，王正国，吴祖泽．再生医学：基础与临床 [M]．北京：人民卫生出版社，2013.

[266] 付小兵．创伤、烧伤与再生医学 [M]．北京：人民卫生出版社，2014.

[267] 庞希宁，付小兵．再生生物学与再生医学 [M]．北京：科学出版社，2013.

[268] Bebek G, Koyuturk M, Price N D, Chance M R. Network biology methods integrating biological data for translational science [J]. Brief Bioinform, 2012, 13.

[269] Koyuturk M. Algorithmic and analytical methods in network biology [J]. Wiley Interdiscip Rev Syst Biol

Med, 2010, 2.

[270] 人类发展部东亚及太平洋地区．世界银行文件．创建健康和谐生活：遏制中国慢病流行［DB/OL］. http://www.worldbank.org/content/dam/Worldbank/document/NCD_report_cn.pdf. Accessed 12 Sep 2012.

[271] Narayan K M, Benjamin E, Gregg E W, Norris S L, Engelgau M M. Diabetes translation research: where are we and where do we want to be?［J］. Ann Intern Med, 2004, 140.

[272] Narayan K M, Gregg E W, Engelgau M M, Moore B, Thompson T J, Williamson D F, Vinicor F. Translation research for chronic disease: the case of diabetes［J］. Diabetes Care, 2000, 23.

[273] Crowley W F, Jr., Sherwood L, Salber P, et al. Clinical research in the United States at a crossroads: proposal for a novel public-private partnership to establish a national clinical research enterprise［J］. JAMA, 2004, 291.

[274] NIH Proceedings from conference. From clinical trials to community: The science of translating diabetes and obesity research［C］. Bethesda, Maryland, 2004.

[275] Hu C, Zhang R, Wang C, Wang J, et al. Variants from GIPR, TCF7L2, DGKB, MADD, CRY2, GLIS3, PROX1, SLC30A8 and IGF1 are associated with glucose metabolism in the Chinese［J］. PLoS One, 2010, 5.

[276] Hu C, Zhang R, Wang C, Yu W, et al. Effects of GCK, GCKR, G6PC2 and MTNR1B variants on glucose metabolism and insulin secretion［J］. PLoS One, 2010, 5.

[277] Wang C, Hu C, Zhang R, et al. Common variants of hepatocyte nuclear factor 1beta are associated with type 2 diabetes in a Chinese population［J］. Diabetes, 2009, 58.

[278] Hu C, Wang C, Zhang R, et al. Variations in KCNQ1 are associated with type 2 diabetes and beta cell function in a Chinese population［J］. Diabetologia, 2009, 52.

[279] Hu C, Zhang R, Wang C, Wang J, et al. PPARG, KCNJ11, CDKAL1, CDKN2A-CDKN2B, IDE-KIF11-HHEX, IGF2BP2 and SLC30A8 are associated with type 2 diabetes in a Chinese population［J］. PLoS One, 2009, 4.

[280] Cho Y S, Chen C H, Hu C, et al. Meta-analysis of genome-wide association studies identifies eight new loci for type 2 diabetes in east Asians［J］. Nat Genet, 2012, 44.

[281] Li H, Gan W, Lu L, Dong X, et al. A genome-wide association study identifies GRK5 and RASGRP1 as type 2 diabetes loci in Chinese Hans［J］. Diabetes, 2013, 62.

[282] Ma R C, Hu C, Tam C H, et al. Genome-wide association study in a Chinese population identifies a susceptibility locus for type 2 diabetes at 7q32 near PAX4［J］. Diabetologia, 2013, 56.

[283] 中华人民共和国国务院新闻办．中国的医疗卫生事业（2012 年 12 月）［M］．北京：人民出版社，

2012.

[284] 陈竺. 全面贯彻落实党的十八大精神 为提高人民健康水平而努力奋斗——在2013年全国卫生工作会议上的工作报告［EB/OL］. http: //www. gov. cn/gzdt/2013 - 02/08/content_ 2330241. htm, 2013 - 02 - 08.

[285] "健康中国2020"战略研究报告编委会. "健康中国2020"战略研究报告［M］. 北京: 人民卫生出版社, 2012.

[286] 颜雨春, 周典, 朱启星. 数字化医院建设与管理［M］. 合肥: 安徽科技出版社, 2010.

[287] 世界卫生组织. 世界卫生组织概况［M］. 袁波, 马涛, 译. 北京: 人民卫生出版社, 1990.

[288] 段会龙. 医学信息相关标准分析［J］. 中国生物医学工程学报, 2008, 27 (2).

[289] 齐国隆, 孔令人. 医疗环境电子数据交换标准 HL7 v3.0 的新进展［J］. 中华医院管理杂志, 2001, 17 (6).

[290] 傅征, 梁铭会. 数字医学概论［M］. 北京: 人民卫生出版社, 2009.

[291] 陆轶. 电子健康档案若干法律问题研究［D］. 上海交通大学法律硕士学位论文, 2011.

[292] 樊秀娥等. 公共卫生数据共享政策探讨［J］. 中国卫生工程学, 2006, 5 (2).

[293] 洪亮等. 广州市标准化现状及工作机制研究［J］. 世界标准化与质量管理, 2008 (9).

[294] 孙枢等. 美国科学数据共享政策考察报告［J］. 图书馆杂志, 2009 (10)

[295] 王丽伟. 发达国家卫生信息系统互操作对我国的启示与借鉴［J］. 医学与社会, 2010, 23 (7).

[296] 陈平等. 国外卫生信息标准化现状及发展趋势［J］. 中国医院统计, 2002, 9 (2).

[297] 董建华. 走向互操作的中国医疗信息网络——议如何借鉴美国经验加快发展过程［J］. 中国数字医学, 2007, 2 (7).

[298] 中国社会科学院农村发展研究所, 国家统计局农村社会经济调查司. 中国农村经济形势分析与预测 (2008—2009)［M］. 北京: 社会科学文献出版社, 2009.

[299] 中国工程院信息与电子工程学部. 中国信息化持续发展战略研究［M］. 北京: 科学技术文献出版社, 2007.

[300] 汪懋华. 精细农业向智慧农业演进——信息化与农业现代化深度融合的方向［C］. 2013中国 (国际) 精准农业与高效利用高峰论坛 (PAS2013) 论文集, 2013.

[301] 中国科学院农业领域战略研究组. 中国至2050年农业科技发展路线图［M］. 北京: 科学出版社, 2009.

[302] 王宏广. 中国粮食安全研究［M］. 北京: 中国农业出版社, 2005.

[303] 许迪, 康绍忠. 现代节水农业技术研究进展与发展趋势［J］. 高科技通信, 2002, 103—108.

[304] 褚庆全. 中国粮食安全历史、现状及发展对策研究［D］. 中国农业大学博士论文, 2005.

[305] 左天觉. 2030年中国粮食自给问题［M］. 中外著名专家论中国农业 (1949—2030). 北京: 中国

农业大学出版社，1998.
[306] 农业部软科学委员会办公室．粮食安全问题［M］．北京：中国农业出版社，2001.
[307] 唐启升，贾晓平，郑元甲，等．中国专属经济区海洋生物资源与栖息环境［M］．北京：科学出版社，2006.
[308] 唐启升．中国养殖业可持续发展战略研究：水产养殖卷［M］．北京：中国农业出版社，2013.
[309] 农业部渔业局．中国渔业统计年鉴［M］．北京：中国农业出版社，2001—2012.
[310] 中国工程院．中国海洋工程与科技发展战略［M］．第140场中国工程科技论坛论文集．北京：高等教育出版社，2013.
[311] 国务院．全国海洋经济发展“十二五”规划［EB/OL］. http：//www. gov. cn/zwgk/2013 - 01/17/content_2314162. htm，2013 - 01 - 17.
[312] 海洋经济可持续发展研究课题组．我国海洋经济可持续发展战略蓝皮书［M］．北京：海洋出版社，2013.
[313] 徐皓．我国渔业装备与工程学科发展报告（2005—2006）［J］．渔业现代化，2007，34（4）.

索　引

L

M

N

Q

R

S